鉱物資源問題と日本 — 枯渇・環境汚染・利害対立

志賀美英

九州大学出版会

口絵1 ロシアが申請した大陸棚延長

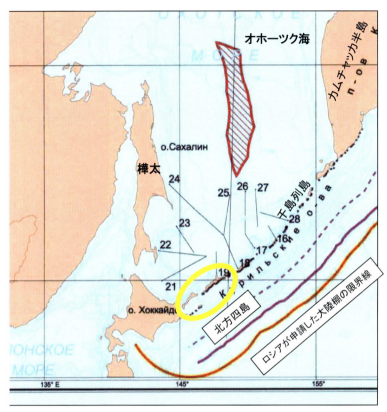

ロシアが大陸棚の延長を申請した海域のうち，アメリカ，カナダおよび北欧諸国に係る部分は省略し，日本近海のみを示した。日本近海では，ロシアの大陸棚は北海道南部にまで及ぶとした。オホーツク海の斜線部は，ロシアの申請が承認された海域。
大陸棚限界委員会の資料に加筆した。

口絵2　中国が申請した大陸棚延長

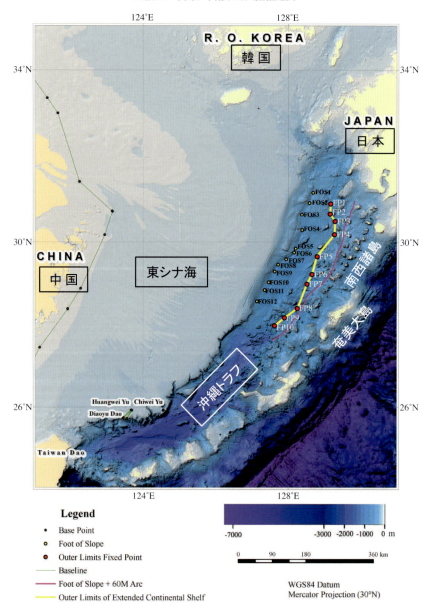

中国が申請した大陸棚延長の限界線（黄色い太線）。南西諸島〜奄美大島の西部海域（沖縄トラフ）にまで及ぶ。
大陸棚限界委員会の資料に加筆した。

口絵 3　韓国が申請した大陸棚延長

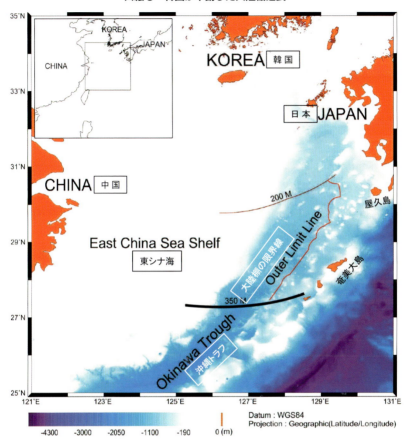

韓国が申請した大陸棚延長の限界線（黒色の太線）。中国が申請した限界線とほぼ重複している。
大陸棚限界委員会の資料に加筆した。

口絵 4　深海底鉱物資源分布概念図

原図の作成は著者が，製図は 2017 年 12 月 27 日に井岡学が行った。

口絵 5　マンガン団塊とその産状

マンガン団塊
表面はぶどう状をなす。深海底の泥が付着している。ハワイ南東海域「マンガン団塊ベルト」の日本鉱区から採取。
標本は金属鉱業事業団（現，JOGMEC）提供。

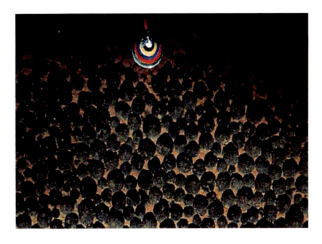

マンガン団塊の産状
マンガン団塊は深海底の泥の上に存在する。ハワイ南東海域「マンガン団塊ベルト」の日本鉱区内で撮影。
写真は JOGMEC 提供。

口絵6　陸上のマンガン団塊

静岡県の四万十層の中から発見されたマンガン団塊
火山性砕屑物が核となり，それを囲むように団塊が年輪状に成長している。深海底の泥層がマンガン団塊を乗せたまま海洋地殻に乗って日本列島の方へ移動し，沈み込み帯で剥ぎ取られ，付加体となって列島上に乗り上がったものと考えられる（口絵4参照）。全体が緑泥石化している。標本は橋本満氏提供。

口絵 7　コバルトリッチクラストとその産状

コバルトリッチクラスト
コバルトリッチクラストの表面は，マンガン団塊に似て，ぶどう状をなす。南鳥島南方海域の日本の排他的経済水域から採取。
標本は金属鉱業事業団（現，JOGMEC）提供。

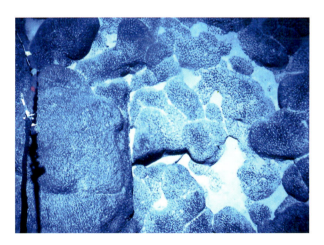

コバルトリッチクラストの産状
コバルトリッチクラストは，海山や海台の斜面や頂部で，基盤岩にへばりついて存在する。
写真は JOGMEC 提供。

口絵 8　海底熱水鉱床の産状とその生成物

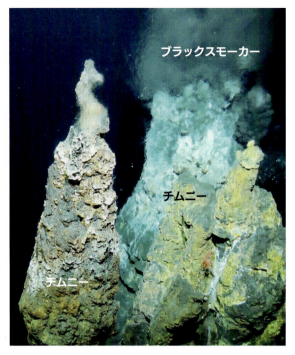

海底熱水鉱床の産状（沖縄トラフ）
重金属を含む熱水（ブラックスモーカー）がチムニーから海水中に噴出している。ブラックスモーカーからは凝固した鉄，亜鉛，銅，鉛などの硫化物微粒子が黒煙のように舞い上がり，周辺に降下している。
写真は JOGMEC 提供。

海底熱水鉱床の生成物（沖縄トラフ）
（上）おもに褐鉄鉱からなる。褐鉄鉱は黄鉄鉱が酸化したものである。火山砕屑物の岩片を含む。
（下）黄鉄鉱結晶の集合体と，その中で脈状をなす石膏。
標本は金属鉱業事業団（現，JOGMEC）提供。

序

　本書は，2003年3月発行の『鉱物資源論』（九州大学出版会）を前進させた続編というべきものである。

　本書でいう鉱物資源とは，地金，その原料である金属鉱石，製錬中間生成物および棒状・板状などに加工された金属（以下，半加工品という）を指す。これらの鉱物資源をめぐっては，世界はさまざまな問題を抱えている。著者は，それらの問題は「枯渇」，「環境汚染」，「利害対立」の3つに集約できると考えている（『鉱物資源論』より）。世界はこれらの問題をどう解決していくか，その中で日本が果たす役割は何か，また，ほとんどの鉱物資源を輸入に依存する日本はそれらをどのように確保していけばよいか。本書では，このような率直な問題に対し著者が日頃から考えてきた解決の方法をなまのまま述べようと思う。

　本書は6部12章から構成されている。

　第1部（第1〜3章）は本書において最も基本となる部分である。ここでは第2部以降を読み進むうえで必要な基礎的な知識をまとめる。第1章，第2章および第3章でそれぞれ，第2次世界大戦後の世界の鉱物資源の需給構造，日本の金属鉱業の盛衰，日本はどのようにして鉱物資源を確保しているかを述べ，独立後間もない開発途上国における資源ナショナリズム高揚の時代から今日までの世界および日本の鉱物資源事情を概観する。

　第2部（第4章）では，人類が直面している三大鉱物資源問題（枯渇問題，環境汚染問題および利害対立問題）それぞれについて概要を述べる。

　第3〜5部（第5〜10章）では，三大鉱物資源問題それぞれの対策と日本に期待する事業を具体的に提示する。著者のなまの考えを述べる，本書の中核をなす部分である。ここでは，南極の鉱物資源開発のように国際法上当面実現不可能なものや技術的にきわめて困難で現実的とはいいがたいものもあえ

て提示する。試行などの裏付けもなくアイディアだけを提示し，実際の作業はその道のプロ任せという形になったところも少なくない。

　第6部（第11～12章）では，パリ協定および持続可能な開発目標 SDGs の概要やそれらの目標達成に向けた日本の取組みの現状などを述べ，第3～5部で提示した事業がそれらの目標達成へどの程度貢献できるかを分析する。

　謝辞：著者は，国際協力事業団（現，国際協力機構 JICA）派遣の長期専門家として南米チリ（1985年3月～86年8月）および中国（96年4月～97年4月）において鉱物資源の技術協力に携わり，多くの鉱山を見てまわった。任地で見聞きした経験が著者のバックグラウンドとなり，本書の随所に活かされている。貴重な機会を与えてくださった JICA に厚くお礼を申し上げる。

　資料の収集にあたっては，次に挙げる省庁や独立行政法人の協力を得た。経済産業省資源エネルギー庁，石油天然ガス・金属鉱物資源機構 JOGMEC および日本貿易振興機構 JETRO。また，JOGMEC および東京大学教授加藤泰治氏は図の掲載を快諾してくださった。関係各位の好意ある対応なくして本書の刊行はありえず，深く感謝を申し上げる。

　著者の職場の先輩であった鹿児島大学名誉教授根建心具氏は推薦者を快く引き受けてくださり，また原稿の審査ではお二人の審査員から一定の評価をいただくとともに，著書の内容改善につながるありがたい助言を賜った。これらの方々にお礼を申し上げる。最後に，出版の相談から発行までの全過程において誠意をもって対応してくださった九州大学出版会の奥野有希女史と尾石理恵女史に深甚な謝意を表する。

2019年6月

志 賀 美 英

目　次

序 ……………………………………………………………………… i

第 1 部　鉱物資源に関する予備知識

第 1 章　世界の鉱物資源の需給 …………………………………… 3

   1　鉱物資源開発 …………………………………………………… 3

   2　製錬・精製 ……………………………………………………… 3

   3　消　費 …………………………………………………………… 4

   4　まとめ …………………………………………………………… 4

第 2 章　日本の金属鉱業 …………………………………………… 7

   1　鉱山業 …………………………………………………………… 7

   2　製錬業 …………………………………………………………… 10

第 3 章　日本の鉱物資源の輸入 ………………………………… 13

   1　鉱物資源の輸入形態 ………………………………………… 13

   2　日本企業の外国投資に対する政府の支援 ………………… 16

   3　鉱物資源の輸入価格と輸出価格 …………………………… 18

   4　鉱物資源の輸入関税 ………………………………………… 19

      4.1　関税概説　**19**

      4.2　日本の関税　**19**

      4.3　WTO 協定下における日本の鉱物資源の関税　**21**

      4.4　EPA 下における日本の鉱物資源の関税　**22**

第2部　鉱物資源問題

第4章　直面する三大鉱物資源問題 ………………………… 25

1　枯渇問題 ………………………………………………… 25

2　環境汚染問題 …………………………………………… 27

2.1　開発途上国の鉱害　**28**

2.2　日本の鉱害　**29**

3　利害対立問題 …………………………………………… 31

3.1　第1次利害対立—南北対立　**32**

3.2　第2次利害対立—深海底鉱物資源をめぐる利害対立　**34**

3.3　第3次利害対立

—大陸棚延長に係る近隣諸国間の境界争い　**35**

3.4　南極の鉱物資源をめぐる「開発」対「環境」の対立　**37**

第3部　鉱物資源の枯渇対策

第5章　鉱物資源の枯渇対策 ………………………………… 41

1　未開発鉱物資源の開発 ………………………………… 41

1.1　深海底鉱物資源の開発　**41**

1.1.1　マンガン団塊　**42**

1.1.2　コバルトリッチクラスト　**45**

1.1.3　海底熱水鉱床　**47**

1.1.4　レアアース泥　**50**

1.1.5　深海底鉱物資源開発の問題点　**53**

1.2　南極の鉱物資源の開発　**53**

1.2.1　石　炭　**54**

1.2.2　縞状鉄鉱層　**54**

1.2.3　デュフェク塩基性層状貫入岩体　**54**

		1.2.4	斑岩型銅・モリブデン・金鉱床	55

1.2.4　斑岩型銅・モリブデン・金鉱床　**55**

1.2.5　石油・天然ガス　**55**

1.2.6　周辺大陸からの類推　**56**

2　鉱業技術の開発 …………………………………………………… **56**

2.1　選鉱技術の開発　**57**

2.2　製錬・精製技術の開発　**59**

2.3　低品位鉱の開発　**62**

3　非鉱物資源の資源化 ……………………………………………… **65**

3.1　岩石からの金属の回収　**65**

3.2　土からの金属の回収　**67**

3.3　海水からの金属の回収　**69**

第6章　鉱物資源の枯渇対策で日本に期待すること …………… **71**

1　深海底鉱物資源を開発する ……………………………………… **71**

2　土から鉄をつくる ………………………………………………… **74**

第4部　環境汚染対策

第7章　環境汚染対策 ……………………………………………… **81**

1　坑廃水対策 ………………………………………………………… **82**

2　選鉱で発生する尾鉱対策 ………………………………………… **84**

3　非鉄金属の製錬で発生する二酸化イオウ対策 ………………… **84**

4　鉄の製錬で発生する二酸化炭素対策 …………………………… **85**

4.1　二酸化炭素の発生量を削減する方法　**86**

4.1.1　「廃プラスチックの高炉原料化」法　**86**

4.1.2　直接還元製鉄法　**87**

4.2　二酸化炭素を発生させない方法　**87**

第 8 章　環境汚染対策で日本に期待すること …………………… 89

1　環境 ODA を日本企業の海外投資プログラムの中に
組み込む……………………………………………………………… 89

1.1　開発途上国の環境汚染の背景　**89**

1.1.1　資金不足　**89**

1.1.2　低い環境認識　**89**

1.1.3　実体のない環境基準　**90**

1.2　中途半端な日本の環境汚染対策技術協力（ODA）　**90**

1.3　EPA の「投資」における環境　**92**

1.4　双方が望む方法　**93**

2　鉄の製錬で二酸化炭素を発生させない…………………………… 93

第 5 部　鉱物資源に係る利害対立の対策

第 9 章　鉱物資源に係る利害対立の対策………………………… 99

1　開発途上国の経済的自立のために
日本が行ってきた取組みの概要…………………………………… 99

2　鉱物資源に関連する日本の ODA 事業 ………………………… 100

2.1　資源開発協力基礎調査・レアメタル総合開発調査など　**100**

2.2　深海底鉱物資源調査　**102**

2.3　専門家派遣事業など　**102**

2.4　準賠償事業：韓国浦項製鉄所（現，ポスコ）建設　**104**

2.5　民間企業の技術協力と政府の資金協力を組み合わせた事業：
中国上海宝山製鉄所建設　**105**

第 10 章　鉱物資源に係る利害対立対策で
日本に期待すること…………………………………… 107

1　開発途上国の経済的自立に貢献する…………………………… 107

2　開発途上国に深海底鉱物資源調査の技術協力
　　　（ODA）を売り込む ……………………………………… 108
　3　日本の国内製錬事業を海外へシフトする ………………… 109
　　　3.1　国内製錬業の危機　**109**
　　　3.2　国内製錬から海外製錬への方向転換　**110**
　　　3.3　製錬分野の海外投資に対する政府の支援　**111**
　　　3.4　海外製錬の対象国　**111**
　4　海外投資の心得 ……………………………………………… 112

第6部　提案した事業のパリ協定および
　　　　　　SDGs への貢献

第11章　パリ協定 ………………………………………………… 117
　1　パリ協定発効までの経緯 …………………………………… 117
　2　パリ協定に対する日本の方針や取組み …………………… 118
　　　2.1　政　府　**118**
　　　2.2　関係機関　**119**
　　　2.3　民間部門　**120**
　3　提案した事業のパリ協定への貢献 ………………………… 121

第12章　持続可能な開発目標 SDGs ……………………… 125
　1　SDGs 採択までの経緯 ……………………………………… 125
　2　SDGs に対する日本の方針や取組み ……………………… 126
　　　2.1　政　府　**126**
　　　　　2.1.1　開発協力大綱の策定　**127**
　　　　　2.1.2　「SDGs 推進本部」の設置　**128**
　　　2.2　JICA　**129**
　　　2.3　JOGMEC　**129**
　　　2.4　民間部門　**130**

3 提案した事業の SDGs への貢献 ……………………………… **131**

引用文献 ………………………………………………………… **133**

索　引 …………………………………………………………… **137**

第 1 部

鉱物資源に関する予備知識

第1章

世界の鉱物資源の需給

1 鉱物資源開発

　先進国の中で鉱物資源開発が活発な国はアメリカ，カナダ，オーストラリアのような若い国である。イギリス，フランス，ドイツなどのヨーロッパ諸国では鉱山業は1960年代にすでに衰退し，90年代初期には鉱石の生産量はほとんどゼロになった。日本はヨーロッパ諸国よりは元気であったが，2000年代初期にほぼゼロになった。

　今日鉱物資源の開発はおもにアジア，アフリカ，中南米などの開発途上国で行われている。しかし開発途上国が優良な鉱床を有していても資金不足や技術の未熟さゆえに独力で開発することは難しく，先進国資本に委ねているのが実情である。

　現在開発途上国で大々的に資源開発を行っているのはアングロ・アメリカンに代表される非鉄金属メジャーと呼ばれる先進国の大企業である。これらの企業はアジア，アフリカ，中南米など世界を股にかけて資源開発を行っている。日本の鉱山会社もそうである。日本国内に鉱山をもたず，アジアや中南米において銅，鉛，亜鉛，金，ニッケル，コバルトなどの資源開発を行っている。

2 製錬・精製

　鉱石の製錬・精製でできた純度の高い金属を地金という。製品に加工する

前の金属のことである。

　資源開発が活発で鉱石生産量の多いアメリカ，カナダ，オーストラリアは一般に製錬・精製も活発で地金の生産量も多い。国内で鉱石をほとんど生産していないイギリス，フランス，ドイツ，日本も，金属種によるが[1]，多量の地金を生産している。これは，開発途上国で生産された鉱石を輸入し，国内で製錬・精製しているからである。

　一方開発途上国での製錬・精製も活発になりつつある。例えば，銅資源に恵まれたチリ，中国，ペルーやボーキサイト資源に恵まれたブラジル，中国，インド，ベネズエラは国内で採掘した鉱石を国内で製錬・精製してそれぞれ銅地金，アルミニウム地金の生産を伸ばしている。そこには，付加価値を付けて輸出収入の増大を図ろうとする，また，国内で必要な地金は輸入に頼らず自分でつくろうとする開発途上国の姿勢をみることができる。

3　消　費

　地金の加工・製品化（以下，消費という）の度合いはその国の工業化の尺度となる。ベースメタルといわれる銅，鉛，亜鉛などの地金は 60〜80％ が，先端産業に不可欠なレアメタルの地金は大部分が先進国で消費されている。しかしベースメタルは開発途上国，とくに中国，ブラジル，インドなどでも消費を伸ばしており，これらの国の著しい工業化社会への発展を裏付けている。

4　まとめ

　鉱物資源開発は主として開発途上国において先進国資本によって行われ

　1）例えば，イギリスは鉛地金の生産量は多いが，銅地金や亜鉛地金の生産量はゼロである。

ている。生産された資源は開発途上国から先進国へ流れ，先進国で製錬・精製され消費されている。いい換えれば，開発途上国は今なお先進国への資源供給基地としての役割を担っており，アジア，アフリカ諸国の多くが独立した第2次世界大戦後の南北分業体制が今日でも依然として維持されているとみることができる。

しかし開発途上国における地金の生産・消費も増加する傾向にある。国内で採掘した鉱石を自国内で製錬・精製し，さらには加工・製品化をも行い，付加価値を付けて輸出収入の増大を図ろうとする開発途上国も現れてきている。開発途上国も着実に成長してきている。

第2章

日本の金属鉱業

1 鉱山業

　日本はもともと鉱物資源の豊富な国であった。第1図の鉱石生産量の推移には1930年代後半以降の日本の金属鉱山業の盛衰がよく現れている。

　日本は第2次世界大戦前，欧米からの物資輸入の決済に金を使っていた。政府は，金保有量を増やすため，金の買取り価格の引上げをはじめ探査や選鉱所・製錬所設置のための奨励金の交付，機械類の無償貸与などを行い，金の採掘を奨励した。これにより日本国内では多数の金鉱山が開発され，金鉱石の生産量は飛躍的に増大した。しかし，第2次世界大戦により欧米（連合国）からの物資の輸入ができなくなると，決済に必要な金が不要になり，政府は一転して金鉱山整備令[1]を発出した。戦争に直接必要な鉄，銅，鉛，亜鉛，マンガン，石炭などを自給するため，全国のほとんどの金鉱山を閉鎖し，金鉱山の資機材や労働力をこれらの鉱山に振り分けた。銅鉱石の生産量は，日中戦争直前の1936年から第2次世界大戦最中の42年まで約7万tであったものが，43〜44年には（金鉱山整備令により資機材や労働力が銅鉱山などへ

---

1) 金鉱山整備令は単一の法令でなく，「金鉱業及び錫鉱業ノ整理ニ関スル件」（昭和17（1942）年10月22日第一次閣議決定），「金鉱業ノ整備ニ関スル件」（昭和18（1943）年1月22日第二次閣議決定）および「金鉱業整備に関する方針要旨」（昭和18（1943）年4月9日商工省令）の3本からなる。この法令の発布は日本の金鉱山史上最大のできごとであった。閉山になった金鉱山や錫鉱山の操業権は国策会社帝国鉱業開発株式会社に移されたが，この会社は資機材や労働力がないため生産活動はほとんどできなかった。

第1図 日本の銅鉱石，亜鉛鉱石および金鉱石の生産量の推移（1936～2015年）

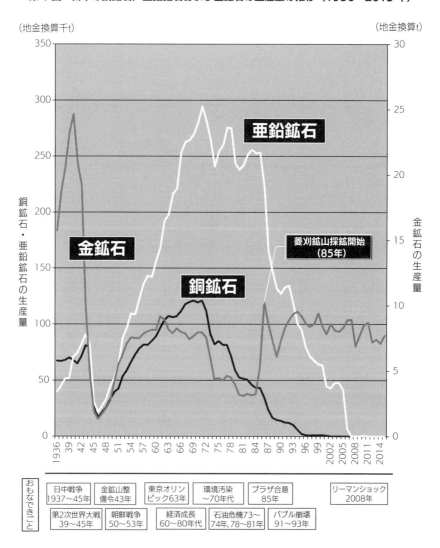

振り向けられた結果）8万tに増えた。しかし45年になると戦況が悪化し3万tへと急落した。亜鉛も銅と似たような推移をたどった。

第2次世界大戦後，1950年に朝鮮戦争が勃発。アメリカ軍は前線での陣地構築に必要な鋼管や鉄条網，兵器・砲弾など大量の物資を日本から買い付けた。これにより日本経済は潤った（いわゆる朝鮮戦争特需）。日本の鉱物資源の需要は同特需後飛躍的に増大した。

日本は戦後の高度経済成長期，高まる鉱物資源の需要に応えるため鉱物資源の探査・開発を積極的に展開し，金属産業は最盛期を迎えた。1960年代，日本には全国に，鉄の鉱山を含めて，重要なものだけでも350以上もの鉱山があった。この中には日立（銅），別子（銅），足尾（銅），釜石（鉄，銅），小坂（銅，鉛，亜鉛），神岡（鉛，亜鉛），佐渡（金，銀）など日本を代表する大鉱山も含まれる。日本には，銅・鉛・亜鉛鉱山を中心に，金・銀・錫・タングステン・クロム・水銀などの鉱山があり，比較的鉱種にも恵まれていた。

しかし1970年代に入ると，鉱害，二度にわたる石油危機，プラザ合意後の急速な円高，金属価格の低迷[2]など鉱業を取り巻く環境が急速に悪化し，日本の金属産業はかつてない危機に直面した。多くの鉱山会社が経営困難に陥り，大幅な人員の削減・配置転換，鉱山部門の分離合理化などを進めた。こうして70～80年代を通じて日本の鉱山は次々と休閉山のやむなきに至った。銅鉱石の生産量をみると，最盛期の60年代末から70年代初期には12万tに達したが，第1次石油危機後急速に減少し，バブル崩壊以後はほぼゼロにまで落ち込んでいる。亜鉛や鉛の鉱石生産量も銅鉱石生産量と似たような推移を示している。

2019年4月現在，日本で操業中の鉱山は鹿児島県の菱刈，春日，岩戸および赤石の4鉱山（いずれも金銀鉱山）のみとなった。国内鉱山業の衰退傾向は，悲観的であるが，長期的にみて改善されるとは思えない。国内での新規鉱山開発の可能性は少なく，4つの金銀鉱山が閉山すれば国内に金属鉱山はなく

2）これは，1960年代以降の世界経済の活況を背景に鉱物資源の需要が急増し，開発途上国を中心に多くの国が鉱物資源の増産に努め，市場で供給過剰の状態が続いたことによる。

なる。日本の金属鉱石の生産量は今後もほぼゼロで推移するであろう。

日本の鉱山会社の活動の場は1960年代中期以降次第に国内から国外（おもに中南米とアジア）へとシフトしていった。国外へのシフトは90年代以降盛んになり，現在では国内に鉱山をもたず，国外にもっている鉱山会社がほとんどである。

2　製錬業

日本の地金消費量は高度経済成長期に驚異的な勢いで増加し，地金の生産量もこれに同調して増加した（第2図）。この時期鉱山開発が推進され鉱石も増産されたが，それでも必要な金属量の一部分しか賄いきれず，海外から大量の鉱石を輸入して地金を生産するようになった。

1970年代以降は，先に述べた社会的事情により，鉱石生産量がゼロに向かって減少する一方，地金の生産量は増え続けた。73年と79年の石油危機および85年のプラザ合意の後一時的に落ち込んだものの，すぐに回復した。91〜93年のバブル崩壊以降，長引く不況とともに地金消費量は減少しているが，地金生産量は，依然として高いレベルを維持している。95年以降，国内製錬業は原料鉱石のほぼ全量を輸入に依存している。

かつて鉱山業が盛んだった頃，製錬所は鉱山の近くにあり，鉱山の一部門として鉱山業と一体をなしていた。そのほうが鉱石を製錬所まで運ぶ手間や経費が省けたからである。1970年代以降鉱山が閉山し，鉱石を海外から輸入するようになると，臨海型の製錬所が主流になっていった。2019年4月現在，日本には銅，鉛，亜鉛の製錬所がそれぞれ7，5，6カ所にある（リサイクル原料のみを処理する製錬所をも含む）が，多くは臨海型である。日本は世界的にみても大きな製錬能力を有している。

第 2 章　日本の金属鉱業

第 2 図　日本の銅地金の消費量，銅地金の生産量，銅鉱石の生産量および銅の自給率の推移（1936〜2015 年）

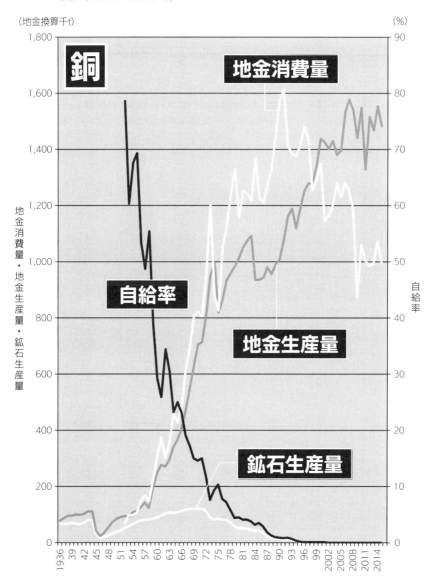

自給率(%)は，(鉱石生産量 ÷ 地金消費量)×100 として求めた。

第3章

日本の鉱物資源の輸入

1 鉱物資源の輸入形態

　主要先進国の銅の輸入形態（第1表）をみると，日本は欧米先進国と比べて鉱石・精鉱の形での輸入が圧倒的に多く，地金や半加工品の形での輸入が少ないことがわかる。鉛や亜鉛，ニッケルなどをみても同じである。ここには，資源をなまに近い形で輸入し，国内で製錬・精製し，消費するという日本の産業構造の特徴が顕著に現れている。日本で鉱山業は衰えても製錬業はいまだ健在なのはこのためである。

　では，日本は鉱石・精鉱をどのような方法で調達しているのであろうか。日本が行っている鉱石・精鉱の調達の仕方には開発輸入，融資輸入（融資買鉱ともいわれる）および単純輸入（単純買鉱ともいわれる）の3つの方式がある（第3図）。開発輸入とは，日本企業が海外に進出し，相手国内で鉱物資源の探査・開発を行い（直接投資），生産した鉱石・精鉱を日本に送る（輸出する）方式である。開発輸入には自主開発方式と資本参加方式がある。自主開発方式とは，日本企業が相手国内で探査から開発までを単独で（100%出資で），または相手国企業に資金や技術を提供し，相手国企業との合弁事業として実施する方式である。資本参加方式とは，相手国企業との合弁事業であるが，日本企業の出資比率の低いものをいう。

　鉱山開発では，道路・鉄道などのインフラ整備をはじめ，選鉱所・尾鉱ダムの設置，重機類の整備場・事務所・社員社宅の建設などに多額の資金を要する。融資輸入とは，日本企業が相手国企業に鉱山開発に必要な資金を融資し（間接投資），その見返りとして一定期間鉱石・精鉱を日本に分けてもらう

第1表　主要先進国における銅の輸入形態とその依存先（2015年）

（金属量 t）

銅の輸入形態	アメリカ	イギリス	フランス	ドイツ	日本
鉱石・精鉱	計 19,780 内訳 国名不詳	計 0（実績なし）	計 0（実績なし）	計 1,159,892* 内訳（上位国） ペルー 280,258 チリ 264,913 ブラジル 241,199 カナダ 122,787 アルゼンチン 109,804 オーストラリア 55,107 インドネシア 27,472	計 4,828,335* 内訳（上位国） チリ 2,157,624 インドネシア 578,907 ペルー 563,715 カナダ 514,321 オーストラリア 509,834 フィリピン 164,360 パプアニューギニア 92,402
ブリスター・アノード	計 2,808 内訳 カナダ 2 その他の国 2,806	計 475 内訳不詳	計 37 内訳不詳	計 50,507 内訳（上位国） ナミビア 19,537 アルメニア 11,014 南アフリカ 1,622 イタリア 694	計 3,251 内訳（上位国） チリ 3,006 その他の国 245
地金	計 663,592 内訳（上位国） チリ 336,348 カナダ 190,798 メキシコ 94,804 ペルー 11,692 日本 4,006 ドイツ 2,133	計 23,606 内訳（上位国） チリ 2,254 ドイツ 940 スウェーデン 717 ベルギー 488 ポーランド 200 イタリア 154	計 192,659 内訳（上位国） チリ 105,619 ドイツ 31,977 ベルギー 7,088 ポーランド 4,525 イタリア 926	計 685,242 内訳（上位国） ロシア 214,298 ポーランド 91,339 スウェーデン 87,824 フィンランド 68,360 ベルギー 59,339 オランダ 51,806 37,547	計 37,899 内訳（上位国） チリ 23,686 オーストラリア 6,610 中国 5,944 ザンビア 100
銅の半加工品	計 268,407	計 164,258	計 174,808	計 166,917	計 48,640
銅合金の半加工品	計 104,737	計 46,097	計 62,666	計 89,442	計 21,622

イギリス、フランス、ドイツなどのヨーロッパの先進工業国は、日本と同様、金属鉱物資源を100%輸入に依存している。国内金属鉱物資源開発の活発なアメリカでさえ、輸入依存率は高い。どのような方法で金属鉱物資源を調達しているかは国によって異なる。日本の最大の特徴は、欧米先進国に比べて鉱石・精鉱の形での輸入の割合が高いということである。欧米先進国は地金や半加工品など加工度の高い製錬生成物を輸入している。
WORLD BUREAU of METAL STATISTICS (2016) から抜粋し、編集した。　＊ Gross Wt.

第 3 章 日本の鉱物資源の輸入

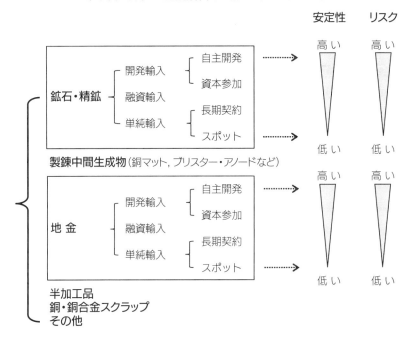

第 3 図　日本の金属鉱物資源の輸入の仕方（銅の例）

金属の存在状態の視点からは鉱石・精鉱，製錬中間生成物，地金，半加工品などの形での輸入に分けられ，日本企業の投資の視点からは開発輸入（自主開発，資本参加），融資輸入および単純輸入（長期契約，スポット）に分けられる。図では省略されているが，製錬中間生成物や半加工品などの輸入にも開発輸入，融資輸入および単純輸入がある。

生産分与の方式である。単純輸入とは，相手国企業に対する日本側の技術的・財政的貢献がなく，通常の商業ベースで鉱石・精鉱を輸入する方式で，これには長期的な引取り数量を契約する長期契約方式と，必要なつど輸入するスポット方式がある。

　開発輸入は専門的な鉱業技術を有する組織（例えば，鉱山会社やJOGMECなど）でなければ担うことはできないであろう。一方融資輸入は，相手国企業の鉱山開発に資金面で貢献できるのであれば，鉱山会社などに限らず，鉱業技術を有さない商社や金融機関，個人であっても担うことができると思われる。

16　第1部　鉱物資源に関する予備知識

　上で述べたどの方法にも利点と欠点がある。鉱物資源の安定的確保の観点から最も望ましい調達の方法は自ら鉱山を保有し鉱石・精鉱を生産する自主開発方式であり，次いで資本参加方式や融資輸入方式である（第3図）。しかし自主開発方式や資本参加方式には，例えば，探査に多額の資金を費やしても優良な鉱床に当たらなければ無になってしまうという高いリスクがある。融資輸入方式には，分与期間に制限があることから資源の長期的確保という観点でやや問題がある。単純輸入方式は，相手国内の紛争や労働者のスト，自然災害，鉱山事故などの影響を受けやすく，鉱物資源の安定的確保の観点からは最も不利である。2005年における日本の鉱石・精鉱の輸入実績をみると（資源エネルギー年鑑編集委員会, 2007），自主開発の割合（自主開発鉱石輸入量÷総鉱石輸入量×100）は銅38.8%，鉛6.9%，亜鉛12.5%，ニッケル26.5%と低く，単純輸入が大きな割合を占めている。日本は不安定な形で鉱石・精鉱を確保しているといえる。

2　日本企業の外国投資に対する政府の支援

　海外での鉱物資源の探査・開発には多額の資金を要しかつリスクが高いため，政府は海外で鉱業活動を行おうとする日本企業に対して，次のような支援を行っている（資源エネルギー庁資源・燃料部鉱物資源課編集, 2011 など）。

①　海外鉱業情報に関する資料の収集・分析・提供（実施機関 JOGMEC）
　政府は，日本企業の海外鉱物資源探査開発活動を強力に推進するため，特殊法人金属鉱業事業団（JOGMEC の前身）に資源情報センターを設置して，世界各国の鉱業に関連する情報（鉱物資源探査開発状況，鉱業政策，鉱業関連法規，需給動向など）を収集・分析し，日本の非鉄金属関連企業をはじめ各方面に提供している。同センターはまた，世界の鉱業の動向を的確に把握するため，鉱業上重要な13カ国（アメリカ，カナダ，イギリス，オーストラリア，中国，インドネシア，チリなど）に在外事務所を設置している。

② 海外地質構造調査（実施機関 JOGMEC）

日本企業が鉱区を保有する地域または確実に取得する見込みのある地域に大規模かつ優秀な鉱床が賦存する可能性がある場合，国からの交付金と日本企業の一部負担金により，JOGMEC と日本企業が共同で調査を実施する。調査費の 1/2〜3/5 が国から交付される。調査実施後生産に至った場合，日本企業は生産による利益の一部を JOGMEC に納付する。

③ 海外共同地質構造調査（実施機関 JOGMEC）

鉱区を保有していない日本企業が海外において外国企業と共同で地質構造調査を行う場合，日本企業に対して助成金を交付する。交付される助成金は日本企業負担額の最大 1/2。調査実施後生産に至った場合，日本企業は生産による利益の一部を JOGMEC に納付する（JOGMEC が国庫に納付）。

④ 資源金融（海外投資金融：融資・債務保証）（実施機関 国際協力銀行 JBIC）

日本企業が権益を取得して鉱物資源開発を行う場合または鉱物資源確保と不可分一体となったインフラ整備など，日本の鉱物資源確保に寄与する場合，投資金融による支援を行う。融資限度額は最大 70%。

⑤ 海外投資保険（実施機関 日本貿易保険 NEXI）

日本企業が海外で保有している資産（株式や不動産などの権利）に関して，外国政府による収用によって受けた損失や，侵害・戦争・テロ行為・自然災害などによって受けた損失，為替制限による配当金の送金不能などによって受けた損失などをてん補する。保険金額は，非常危険（為替取引の制限・禁止や戦争・革命・内乱など）の場合，出資金の額の 95%（資源エネルギー総合保険（特約）を活用すれば 100%）。

⑥ 開発計画調査型技術協力（実施機関 JICA）

開発途上国からの要請を受け，技術移転を図りながら現地調査を行い，要請に対する提言をとりまとめる。

⑦　その他
- 鉱山の買収に係る出資（実施機関 JOGMEC）
- 民間金融機関などからの借入れ資金に対する債務保証（実施機関 JOGMEC）
- 日系合弁企業などに対する出資（実施機関 JBIC）
- 海外における事業資金貸付金などの損失てん補（実施機関 NEXI）
- 開発途上国の鉱物資源分野に係る人材育成（実施機関 JICA）

3　鉱物資源の輸入価格と輸出価格

　どの金属も，鉱石の価格は安く，地金，半加工品へと加工度が高くなるにつれ，価格も高くなる。完成品になると価格はさらに何倍にも跳ね上がる。加工するにはそれだけ高度な設備や技術が必要になるので，加工度が高いものほど価格が高いのは当然である。

　開発途上国で採掘された鉱石が先進国に輸出され消費されるという南北分業については先に述べたとおりであるが，鉱石を安価で輸入し，国内で製錬し高価な工業製品に加工して輸出する先進国の利益は，鉱石をなまのまま輸出する開発途上国の利益と比べて格段に大きい。日本の鉱山会社が開発途上国で鉱物資源の自主開発を行い，生産した鉱石を日本に輸出し，日本国内で製錬・加工するとなると，日本の利益はさらに大きく膨らむことは明らかである。開発途上国の側からみれば，鉱石を安く買い叩かれ，高いものを買わされているということである。開発途上国が鉱石をなまのままでは売らず，付加価値を高めてから売ろうとするのはもっともなことである。

4 鉱物資源の輸入関税

4.1 関税概説

どの国も，欲しいものの関税は低く抑えて輸入をしやすくし，欲しくないものには高関税を課して輸入をしにくくしたり輸入量を制限したりする。同じ物品であっても，それを欲しい国もあれば，欲しくない国もある。したがって関税率は，各国が独自に設けるものであり，同一の物品であっても国によって異なる。

開発途上国の関税は先進国の関税と比べて一般に高い。これは，開発途上国が自国の産業を守ったりそれを育成するために外国からの輸入を抑えようとするからである。また国によっては，輸入による借金が増えないようにとの思いもあるようだ。

1995 年 1 月に世界貿易機関 WTO が設立され，加盟各国間の関税は一段と低くなった。現在世界のあちこちで，関税の撤廃をめざして経済連携協定EPA が締結されている。世界は貿易の自由化に向かって加速している。

4.2 日本の関税

日本の関税は先進国の中でも低いほうである。日本の関税の種類には基本税率，WTO 協定税率（MFN 税率），一般特恵税率（GSP 税率），特別特恵税率（LDC 税率）および経済連携協定特恵税率（EPA 特恵税率）の 5 種があり（第 2 表），税率は一般にこの順に低くなっている。基本税率は，日本と国交のない国や WTO 協定に加盟していない国から輸入する物品に課せられ，5種のうちで最も税率が高い。WTO 協定税率は，WTO 加盟国から輸入する物品に適用され，加盟国間の自由貿易を推進するために基本税率より低く設定されている。一般特恵税率は，国連貿易開発会議 UNCTAD に加盟している開発途上国から輸入する物品に適用され，WTO 協定税率よりさらに低く設定されている。特別特恵税率は，後発開発途上国から輸入する物品に適用

第2表　日本の金属鉱物資源の関税（銅の例）

品名	基本税率	WTO協定税率（MFN税率）	一般特恵税率（GSP税率）	特別特恵税率（LDC税率）	経済連携協定特恵税率（EPA特恵税率）			
					チリ 2007.9.3発効	インドネシア 2008.7.1発効	インド 2011.8.1発効	オーストラリア 2015.1.15発効
鉱石・精鉱	無税	無税	無税	無税	無税	無税	無税	無税
精製銅（課税価格が485円/kg以下のもの）	15円/kg	3%	2.40%	無税	0.30%	0.3%または((500円-課税価格)×0.6×5/11)/kgのうちいずれか低い税率	0.8%または((500円-課税価格)×0.6×5/11)/kgのうちいずれか低い税率	1.5%または((500円-課税価格)×0.6×3/6)/kgのうちいずれか低い税率
					2017.4.1撤廃	2018.4.1撤廃	2021.4.1撤廃	2019.4.1撤廃
精製銅（課税価格が485円/kgを超え500円/kg以下のもの）	15円/kg	3%	2.4%または((500円-課税価格)×0.8)/kgのうちいずれか低い税率	無税	((500円-課税価格)×1/11)/kg	0.3%または((500円-課税価格)×0.6×2/11)/kgのうちいずれか低い税率	0.8%または((500円-課税価格)×0.6×2/11)/kgのうちいずれか低い税率	1.5%または((500円-課税価格)×0.6×3/6)/kgのうちいずれか低い税率
					2017.4.1撤廃	2018.4.1撤廃	2021.4.1撤廃	2019.4.1撤廃
精製銅（課税価格が500円/kgを超えるもの）	15円/kg	無税	無税	無税	無税	無税	無税	無税
精製銅の棒および形材	5.80%	3%	1.20%	無税	無税	無税	無税	無税
精製銅の線	5.80%	3%	1.20%	無税	無税	無税	無税	無税
精製銅の板、シートおよびストリップ（厚さが0.15mmを超えるもの）	5.20%	3%	1.80%	無税	無税	無税	無税	無税
精製銅の管	5.20%	3%	1.80%	無税	無税	無税	無税	1.20% 2018.4.1撤廃

経済連携協定特恵税率に記載された「無税」は協定発効時即時撤廃を意味する。「無税」以外の税率は毎年均等に引き下げられ、最終的に無税となる。この表に挙げた4ヶ国以外のEPAでは、フィリピン、ペルーおよびモンゴルの一部の物品を除いて他は全て協定発効時即時撤廃となっている。詳しくは各協定を参照されたい。

財務省貿易統計「実行関税率表」（2017年1月1日版）から抜粋し、編集した。

され，原則としてほとんどの物品について無税・無枠となっている。開発途上国（後発開発途上国を含む）のほとんどの国は WTO と UNCTAD の両方に加盟しているので，実質的に WTO 協定税率が適用される国は先進国となる。経済連携協定特恵税率は，日本と EPA を締結している国から輸入する物品に課され，原則ゼロ（協定発効時即時撤廃）である。

　一般特恵と特別特恵の関税制度は，開発途上国が UNCTAD を通じて先進国から勝ち取った成果で，開発途上国の物品を輸入しやすくして開発途上国の輸出収入の増大を図り経済開発を支援しようと先進各国が自主的に行っている制度である。日本は 1971 年から実施している。特別特恵は，後発開発途上国からの輸入を最優先することによって南南経済格差を是正しようという特別な措置である。経済連携協定特恵については本章の 4.4 で述べる。

4.3　WTO 協定下における日本の鉱物資源の関税

　日本では，鉱山業は衰退したが，製錬業はいまだ健在である。日本の製錬業を維持するには，鉱石・精鉱を確保しかつ製錬生成物の輸入を抑制する必要がある。日本は鉱石・精鉱の確保のために，世界のどの国からの輸入であってもまたどの金属種であっても輸入関税を無税・無枠にしている（第 2 表）。国内での鉱石生産量がほぼゼロで，いくらでも欲しいからである。

　日本では，一般特恵の適用によって物品の輸入が増加し，産業を保護する必要があるときは，物品・期間・国を指定してその適用を停止することができることになっている（関税暫定措置法第 8 条の 3 第 1 項および第 2 項）。2018 年度において特恵適用除外となっている品目は，鉱工業品では，鉄鋼製のタンク・ねじ・ばね，銅の半加工品，アルミニウム製品（以上，2019 年 3 月 31 日まで），クロムの酸化物・水酸化物，チタンの酸化物（以上，2021 年 3 月 31 日まで）であり，原産国はいずれも中国である。このように，一般特恵や特別特恵は開発途上国からの物品の輸入を拡大するために導入した制度であるが，これらとて無制限でなく，適用には国内産業に配慮した一定の制約を設けているのである。

4.4 EPA 下における日本の鉱物資源の関税

日本は 2002 年 11 月のシンガポールとの EPA を皮切りに 2018 年 11 月現在までに 14 カ国および ASEAN 全体と EPA を締結している[1],[2]。

EPA の目的は，締約国間の物品の貿易を自由化・円滑化することおよび投資の機会を増大させて投資活動を促進することの 2 つである。ここで物品とは，鉱物資源でいえば，鉱石・精鉱，鋼・鋼材，非鉄金属地金・半加工品，合金などであり，貿易の自由化・円滑化とは，関税を協定発効時に即時撤廃するかまたは段階的に引き下げて撤廃するということである。また投資活動の促進とは，鉱物資源分野でいえば，締約国間で鉱山業や製錬業への投資を活発に行うということである。

日本が締結したほとんどの国との EPA において非鉄金属の関税は協定発効時即時撤廃となっている。チリやオーストラリアなど鉱物資源の豊かな国との EPA では銅・鉛・亜鉛の地金・半加工品などごく一部の物品は発効時即時撤廃を免れたが，それらの関税率も段階的に引き下げられ，いずれは撤廃となる（第 2 表）。日本が早期に EPA を締結した国との間では，それらの関税は次々撤廃の時期を迎えている。最後に撤廃になるのはモンゴルから輸入する精製銅・精製鉛・亜鉛の塊などで，2026 年 4 月 1 日である。14 カ国と ASEAN 全体に限れば，約 7 年後には日本が輸入するあらゆる非鉄金属産品の関税はゼロになる。

---

1) 日本は 2017 年 2 月現在，次の 14 カ国および ASEAN 全体と EPA を締結している。カッコ内は発効年月日。シンガポール（2002 年 11 月 30 日），メキシコ（2005 年 4 月 1 日），マレーシア（2006 年 7 月 13 日），チリ（2007 年 9 月 3 日），タイ（同年 11 月 1 日），インドネシア（2008 年 7 月 1 日），ブルネイ（同年 7 月 31 日），ASEAN 全体（インドネシアを除く）（同年 12 月 1 日），フィリピン（同年 12 月 11 日），スイス（2009 年 9 月 1 日），ベトナム（同年 10 月 1 日），インド（2011 年 8 月 1 日），ペルー（2012 年 3 月 1 日），オーストラリア（2015 年 1 月 15 日）およびモンゴル（2016 年 6 月 7 日）。署名済は環太平洋パートナーシップ TPP および日欧 EPA。EPA 締結交渉中の国にコロンビア，日中韓，トルコなどがある。

2) EPA を締結していない国との貿易では WTO 協定税率や一般特恵税率，特別特恵税率が適用される。

第2部

鉱物資源問題

第4章

直面する三大鉱物資源問題

　金属などの鉱物資源はヒトの手によってつくり出すことはできない。農産物や魚介類のように栽培や養殖で再生産したり増やしたりすることもできない。これが鉱物資源の大きな特徴である。

　人間は，自然界から鉱物資源を採り出し，それを活用して，今日の高い文明を築いてきた。今日の生活レベルを維持しまた発展させるには，鉱物資源の持続的確保が不可欠である。そのためには直面する鉱物資源問題を解決していかなければならない。われわれは全人類に共通な多くの鉱物資源問題を抱えているが，それらの大部分は枯渇問題，環境汚染問題および利害対立問題の3つに集約できる。

1　枯渇問題

　世界の金属の消費量は20世紀に入ってから今日まで科学技術の進歩とともに急速に増大してきた（第4図）。とくに第2次世界大戦後，日欧を中心とする先進工業国の経済復興とそれぞれ1980年代以降，2000年代以降に出現したNIEs，BRICsなど新興工業国の高成長によって消費量が著しく多くなった。例えば，銅でみると，第2次世界大戦後の1950年には300万tであった全世界の地金消費量は80年に900万tに，2010年には1,900万tに達している。最近の30年間をみると，世界の銅，鉛，亜鉛などの非鉄金属の消費量はいずれも約2倍に，アルミニウムの消費量は3倍近くに膨れ上がった。また，20世紀になってから資源として使用されはじめたニッケルな

第4図 世界の金属消費量の推移

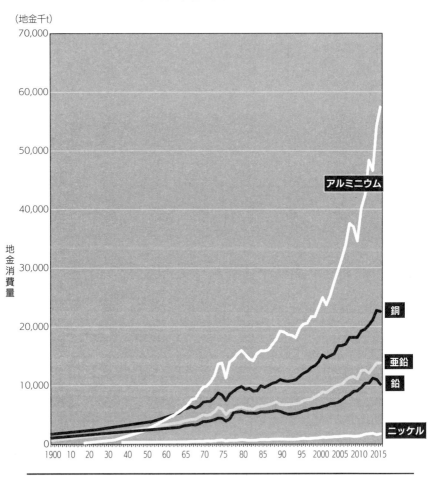

どのレアメタルも需要が急速に伸びている。

2018年1月1日現在の国連加盟国数は193カ国であるが，そのうち先進国といわれる国は29カ国（同年8月22日現在における経済協力開発機構OECD中の開発援助委員会DACのメンバー数）である。160カ国以上が開発途上国である。開発途上国は先進国との経済格差を縮小させようと，多くは工業化をめざしている。また，20世紀に入り，世界人口はアジア，アフリカを中心に爆発的に増加している。国連によると，世界人口は2011年に70億人に達した。2050年には90億人にまで増加すると予測されている。さらに，ソビエト連邦崩壊後，ロシア，中国，モンゴル，東欧諸国，中央アジア諸国など世界のほとんどの社会主義国が計画経済から市場経済へ方向転換した。

以上にみるように，
・先進工業国における鉱物資源消費量のさらなる増加
・世界の大部分を占める開発途上国の工業化
・世界人口の爆発的増加
・社会主義国の市場経済体制への方向転換
など，今日の世界情勢をみわたすと，21世紀には地球上での人類の経済活動はますます活発になり，鉱物資源の消費にはさらに拍車がかかっていくことが予想できる。

かつてドネラ・H.メドウズほか（1972）は，鉱物資源の消費量がこのまま幾何級数的に増加すると，銅，鉛，亜鉛，金，銀などの金属は，地球という有限のシステムの中で次々枯渇に直面し，人類の成長は限界点に到達し，人類は悲劇的な破局を迎えるであろうとの警告を発した。国家の順調な発展も，われわれの便利な生活も，鉱物資源の確保によってはじめて約束されるものである。いかにして鉱物資源を確保していくかが全人類共通の課題になっている。

2 環境汚染問題

鉱床から鉱石を採掘する際には鉱石の何倍もの廃石（ズリ）が発生する。鉱

石でさえ，金属含有量が 1% の鉱石の場合，残り 99% は選鉱，製錬，精製の過程で「三廃」になる。極端にいえば，鉱山で掘り出したものは，廃石も鉱石も含めて大部分が固体，液体，気体のいずれかの形で廃棄されるといってよい。鉱物資源開発は，環境汚染防止対策が十分に講じられなければ，環境への負荷が大きいことは明らかである。鉱物資源開発では，採鉱から選鉱，製錬・精製までのどの工程もが環境汚染の危険をはらんでいる。

2.1 開発途上国の鉱害

　鉱業活動で発生する環境汚染は鉱害といわれる。著者はいくつかの開発途上国で鉱床の調査を行い，鉱害の現場を目の当たりにしてきた。よく目にするのは，尾鉱に起因する鉱害である。尾鉱は選鉱所で多量に発生する。泥状で，山間部の鉱山では貯水池のようなダムを造って溜めておき，平地の鉱山ではコンクリートや土で囲んだ人工プールの中にパイプで流し込んで溜めておく。満杯になると次のダムやプールを造る。尾鉱は重金属濃度が高いので，水質汚染や土壌汚染につながりやすい。著者が目撃した鉱害には例えば次のようなものがある。

・高濃度のヒ素が含まれていることを知らず，乾いた尾鉱ダムの中でトウモロコシや野菜を栽培しているところ。耕地のヒ素含有量は 510〜4,100ppm で，その国の土壌環境質量標準値の約 12〜135 倍，日本の土壌含有量基準の約 3〜74 倍に達する。
・鉛・亜鉛鉱山の選鉱所から有毒のカドミウムや鉛を含む尾鉱が小川に未処理のまま垂れ流しにされているところ。その小川は鉛色の「泥の川」と化し，下流域で農業用水として使われている。
・放牧された牛が尾鉱捨て場となっている沼の水を飲んでいるところ。
・植樹された樹林に尾鉱が垂れ流しにされ，樹木が一面枯れ死しているところ。

　開発途上国では，尾鉱に起因する鉱害に限らず，金の精錬で使用する水銀による汚染や製錬所から排出される二酸化イオウ（亜硫酸ガス）による大気汚染など深刻な鉱害がしばしば発生している。例を挙げればきりがないが，最

第3表　最近発生した世界の鉱害の例

地域（国）	環境汚染の内容	影　響
ナコン・シ・タラマート（タイ）[1]	錫鉱山によるヒ素汚染	患者は確認されただけでも数千人に及ぶ。
スラベシ島ブイヤット湾（インドネシア）[1]	金の採掘における水銀汚染	住民に腫瘍や癌が多発。住民300人が移住。
カブウェ（旧名，ブロークン・ヒル）（ザンビア）[2]	鉛・カドミウム汚染	1994年に鉱山と製錬所は閉鎖。いまだに子どもの鉛の血中濃度は通常の5〜10倍。
アマゾン川流域（ブラジル）[3]	金の採掘における水銀汚染	毛髪水銀値が高い人で200ppmを超えていた。3例が軽い水俣病，4例が水俣病の疑い。
ラ・オロヤ（ペルー）[2]	製錬所の鉛汚染・大気汚染（二酸化イオウ）	子どもの99%の血中から許容量を超える鉛が検出。
ヴェスプレーム県アイカ市（ハンガリー）[4]	アルミニウム製造工場の貯泥ダムの決壊	約100万m^{3}の赤泥が流出。近隣3県に非常事態宣言を発令。死亡者9人，負傷者120人以上。

1) 原田・田尻（2010），2) ブラックスミス研究所（2007），3) 花田（2015），4) 家田（2011）。

近発生した世界の鉱害の例を第3表に示した。「世界でもっとも汚染された場所─トップ10」（ブラックスミス研究所，2007）では，10カ所のうち5カ所を金属鉱山が占めた。

2.2　日本の鉱害

　日本では1960年代の高度経済成長期に，金属需要を満たすべく鉱物資源の探査・開発が活発に行われ，各地で深刻な鉱害が発生した。そのうちのいくつかは鉱毒事件とまで呼ばれ，大きな社会問題になった。野ざらしの固体廃棄物（廃石，選鉱尾鉱，スラグなど）や未処理の廃液（坑廃水，選鉱廃水など）に含まれたカドミウム，ヒ素などの重金属が河川や土壌の汚染源になった。重金属汚染は一般に，河川の水質汚染に始まり，河川水を利用した田畑の土壌汚染へ，さらには海洋汚染へと，付近住民の生活の場をむしばみながら拡

第5図 鉱物資源開発と環境汚染の関係を概念的に示した図

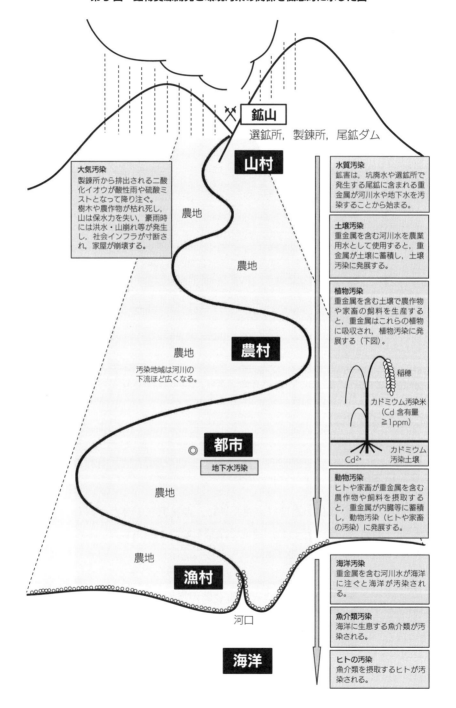

散していく（第5図）。重金属は河川では魚に，田畑ではコメなどの農作物に，そして海では魚介類に蓄積して，それらを死滅させたり，さらにはそれらを摂取した人間や家畜の体内に蓄積して甚大な健康被害を与えたりした。カドミウム中毒やヒ素中毒では多くの人命が奪われた。

他方，製錬で発生した二酸化イオウ，煤塵，粉塵は大気の汚染源となった。なかでも二酸化イオウは，雨水に容易に溶けて酸性雨や硫酸ミストとなり，これらが広域的に降り注いで農作物ばかりか山林の樹木をも枯らし，大規模な自然破壊を引き起こした。樹木のない死の山は保水力を失い，そのため降雨のたびに山肌の土砂が河川に流され，洪水を引き起こし，氾濫した汚泥は川の魚を死滅させ，農地を覆って農作物に壊滅的な打撃を与えた（NHK社会部, 1971, 1973; 環境保全協議会, 1992）。

1つの国や地域で発生する汚染物質は国境を越えて近隣の国や海洋へ移動し，また二酸化炭素や二酸化イオウなどの気体は地球全体に拡散する。鉱業活動それ自体はその国や地域の中で行われても，環境という視点からみればまぎれもなく地球規模の問題である。

先に予測したように世界の鉱物資源の消費量は今後も伸び続けるであろう。それを担っていくのは開発途上国である。環境汚染防止は，端的にいって，カネがかかるだけで目に見える見返りが期待できない。利益優先で環境汚染防止対策をおろそかにしがちな開発途上国に鉱物資源開発を委ねてよいものか。

いかに鉱物資源開発と環境の調和を図っていくか。これが鉱物資源に係る2つ目の課題である。

3 利害対立問題

鉱物資源に係る利害対立には，個人採掘者間のこぜり合いから世界を二分するような大争奪戦までいろいろある。これまでに発生した，または発生しつつある地球規模の利害対立には少なくとも次の4つがある。

3.1　第1次利害対立─南北対立

　開発途上国の鉱物資源は，かつて植民地時代，欧米宗主国資本によって切り開かれたものが多い。開発途上国の多くは第2次世界大戦後独立したが，旧宗主国資本は独立後も依然として現地に居座り資源の搾取を続けた。開発途上国では自国の資源が自国の経済発展や地域住民の利益につながらず，一方先進国はその資源を利用してどんどん豊かになっていった。その結果南北の経済格差は拡大し，それに対する不満がアジア，アフリカ，中南米各地に広がることとなった。

　単独では力のない開発途上国は，国連を舞台に結集し，束になって先進国と戦った。自国の資源を先進国資本から取り戻しそれをテコに経済的自立を果たすことをめざして，第17回国連総会における「天然資源に対する永久的主権の確立宣言」の強行採決（1962年12月）を皮切りに（第4表），鉱山の国有化，先進国資本の排除・規制，資源カルテルの結成などさまざまな強行的な政策を実行に移すとともに，UNCTAD（64年3月）を主導し，この会議を通じて先進国に対して工業化（モノカルチュア経済からの脱皮）のための技術移転の要求[1]，開発途上国産品の市場アクセス拡大の要求（関税など貿易における開発途上国産品に対する優遇措置の要求）[2]など多くの難題を突きつけ，先進国と激しく対立した。

　植民地時代の後遺症といえるこの開発途上国と先進国の間の南北対立は，1960年代初期から70年代末期まで20年間（開発途上国において資源ナショナリズムが高揚した期間）続いた，世界を二分する人類史上最大（当時）の鉱物資源争奪戦だったといえる。

---

1)　この要求は後に，開発途上国に対する先進国の技術協力として実を結ぶこととなる。
2)　この要求は後に，開発途上国産品に対する先進国の一般特恵関税制度（第3章の4.2参照）の導入につながった。

第 4 表　鉱物資源を取り巻く南北関係の変化

南北関係	年月	事項
植民地支配	1939.9〜45.8	第 2 次世界大戦
	1945.10	国連発足
	1947	第 1 回ガットの多角的貿易交渉（参加国 23 カ国）
	1948.1	関税および貿易に関する一般協定（ガット）発効
	1949	第 2 回ガットの多角的貿易交渉（参加国 13 カ国）
	1950	朝鮮戦争勃発，東西冷戦時代始まる
	1951	第 3 回ガットの多角的貿易交渉（参加国 38 カ国）
	1958.7	国際錫協定 ITA 発効
	1960.1	国際鉛・亜鉛研究会 ILZSG 発足
	1960 年代	アフリカ，アジアで独立が相次ぐ
南北対立	1960 年代	日・欧の戦後経済復興で，鉱物資源の消費が急激に増大する
	1960 年代	アフリカ，アジア，中南米で資源ナショナリズムが台頭する
	1960.9	石油輸出国機構 OPEC 成立
	1962.12	天然資源に対する永久的主権採択（第 17 回国連総会決議）
	1964.3	第 1 回 UNCTAD 開催
	1964〜67	第 6 回ガットの多角的貿易交渉（ケネディーラウンド，参加国 62 カ国）
	1965.6	UNCTAD タングステン委員会設置
	1966.11	天然資源に対する永久的主権採択（第 21 回国連総会決議）
	1967.11	マルタのパルド国連大使，深海底に関する国際制度の樹立を提唱（第 22 回国連総会）
	1968.5	銅輸出国政府間協議会 CIPEC 設立（生産国 4 カ国）
	1970.12	国家の管轄権の範囲を超えた海底およびその地下を律する原則宣言採択（第 25 回国連総会決議）
	1973	第 1 次石油危機
	1973〜79	第 7 回ガットの多角的貿易交渉（東京ラウンド，参加国 102 カ国）
	1973.11〜82.4	第 3 次国連海洋法会議
	1973.12	天然資源に対する永久的主権採択（第 28 回国連総会決議）
	1974.4	新国際経済秩序 NIEO の樹立に関する宣言および行動計画採択（国連資源総会決議）
	1974.11	国際ボーキサイト連合 IBA 発足（生産国 10 カ国）
	1975.4	タングステン生産国連合 PTA 設立（生産国 7 カ国）
	1975.4	鉄鉱石輸出国連合 AIEC 設立（生産国 13 カ国）
	1976.5	一次産品総合計画 IPC 採択（第 4 回 UNCTAD 総会）
	1979	第 2 次石油危機
	1982.4	国連海洋法条約および関連附属書採択
相互依存	1983.8	錫生産国同盟 ATCP 成立（生産国 7 カ国が加盟）
	1986〜94	第 8 回ガットの多角的貿易交渉（ウルグアイラウンド，参加国 123 カ国）
	1989	東西冷戦終結
	1990.5	国際ニッケル研究会発足（主要生産国・消費国 14 カ国および EU が参加）
	1991.12	ソビエト連邦の崩壊
	1992.11	国際銅研究会発足（主要生産国・消費国 24 カ国および EU が参加）
	1994.11	国連海洋法条約発効
	1995.1	WTO 発足
	1996.7	国連海洋法条約第 11 部実施協定発効

3.2 第2次利害対立—深海底鉱物資源をめぐる利害対立

第2次世界大戦の痛手から経済を復興させた先進国では1960年代, 鉱物資源の消費量が急増した。南北対立の最中にあって先進国は鉱物資源を開発途上国に頼ることが難しく, 先進国の有力企業は未開発の深海底鉱物資源（当時はマンガン団塊）に注目し, 競ってその探査を行うようになった。開発途上国は, 先進国が自前で鉱物資源を確保できるようになると自分たちの資源が売れなくなり, 経済的自立が難しくなるという懸念から, 67年11月の第22回国連総会において先進国の深海底鉱物資源探査に「待った」をかけた（第4表）。当時海洋には, 国際的に何の取極めもない部分があった。大陸棚の外側に存在する広大な海洋底「深海底」である。開発途上国は, 先進国が深海底で自由に資源の探査をしているのは, ここについての国際的な取極めがないからだとし, マルタの国連大使が開発途上国を代表して, 深海底に関する制度をつくることを提案したのである。この「待った」が国連海洋法条約制定の契機となった。

1973年11月から始まった第3次国連海洋法会議では, 深海底に眠る膨大な量のマンガン団塊をめぐって, 南北間, 先進国間, 沿岸国−内陸国間など国家間・国家グループ間の利害が複雑に絡み合い, 激しい議論が繰り広げられた。深海底鉱物資源開発制度を含む国連海洋法条約は, 10年に及ぶ審議を経て82年4月に採択されたが, 94年11月の発効までさらに12年を要し, 妥協の産物として未成熟なまま成立した。同条約は, 深海底鉱物資源の開発制度をはじめ領海, 公海, 排他的経済水域, 大陸棚, 島の制度など海洋に関するあらゆる分野をカバーする全320条に及ぶ本文と9つの附属書からなる, 20世紀最大の国際法といわれている。

条約によれば, 深海底とは国家の管轄権の範囲を超えた海底およびその地下をいい, 深海底鉱物資源とは固体状のものだけでなく液体状, 気体状のものもいう。これらの規定によれば, マンガン団塊, コバルトリッチクラスト, 海底熱水鉱床, レアアース泥をはじめ, 石油・天然ガス, メタンハイドレートなど深海底に存在する資源はすべて対象となる。条約は, 深海底鉱物資源は人類の共同財産でありどこの国のものでもないこと, その開発は人類全体

の利益のために，とくに開発途上国の利益を考慮して実施することなど，開発途上国の主張を大きく取り入れ，準国内資源として欲しいだけ自由に開発できるに違いないという希望に満ちていた先進国にとっては「面白くない」内容となった。世界の圧倒的多数の 159 カ国の署名を得て採択された条約であったが，条約の深海底鉱物資源開発制度に不満をもつアメリカは採択に際し反対票を投じ，いまだにこの条約に加入していない。

　第 22 回国連総会における開発途上国の「待った」から条約第 11 部実施協定発効（1996 年 7 月）までほぼ 30 年間に及んだ深海底鉱物資源をめぐる対立は，先に述べた南北対立をしのぐ，まさに人類史上最大の鉱物資源争奪戦だったといえよう。第 1 次利害対立，すなわち南北間の鉱物資源争奪戦が，陸上の鉱物資源から深海底の鉱物資源にまで対象を拡大してここまで続いたとみることもできる。

3.3　第 3 次利害対立―大陸棚延長に係る近隣諸国間の境界争い

　さらに国連海洋法条約は，大陸棚が領海基線から 200 カイリ（約 370km）を超えて延びている場合，国連事務総長を通じ，大陸棚限界委員会に科学的根拠を添えて 2009 年 5 月 12 日まで[3]に申請し，承認されれば 350 カイリ（約 650km）まで延長できるとした。ただし，向かい合った国と大陸棚が重複する場合は，申請にあたり予めすべての関係国の同意を得なければならないことになっている。

　日本は，条約が採択された直後の 1983 年から 2008 年までの 25 年間日本周辺海域で大陸棚調査を行い，2008 年 11 月，実質的に向かい合った国が存

3）大陸棚延長の申請をしようとする沿岸国は自国に条約の効力が生じてから 10 年以内に関連データを大陸棚限界委員会に提出することと規定している（国連海洋法条約附属書Ⅱ第 4 条）。2008 年 6 月の締約国会合においてこの申請期限が審議され，開発途上国がデータを準備する困難さなどに鑑み，申請を行いたい国は，大陸棚の延長に関する大まかな情報をひとまず 2009 年 5 月 12 日までに提出すれば，締切りに間に合ったことにする旨の決定がなされた。中国と韓国はともに 2009 年 5 月 11 日に予備申請を行い，それぞれ 2012 年 12 月 14 日，2012 年 12 月 26 日に本申請を行った。

在せず大陸棚が重複する心配のない太平洋側を中心に7海域の大陸棚延長申請を行った。そして2012年4月に沖ノ鳥島を中心とする大陸棚をはじめ6海域の延長が認められた。日本はこの申請をするにあたり，周辺諸国との間に島の領有権問題や海の境界問題を抱える北海道〜北方四島周辺海域および日本海〜東シナ海側海域については，関係国から事前の同意を得ることは不可能との判断からか，申請を差し控え，これらの海域については引き続き問題解決に向けて関係国と協議を続けていくことを選んだ。

　一方ロシア，中国，韓国は日本の同意なしで日本近海までの大陸棚延長の申請を行った。ロシアは2001年12月，北方四島を含む海域までの大陸棚延長を申請した（口絵1）。この申請に対して日本は大陸棚限界委員会に異議を唱え，同委員会はロシアに対し日本との合意に至るため最善の努力を尽くすよう勧告した。また，いずれも大陸棚自然延長論を唱える中国と韓国が2012年12月に相次いで，南西諸島の西部海域の日本の領海近く（沖縄トラフ）まで大陸棚延長の申請を行った（口絵2・3）。中間線境界を主張する日本は，いずれの国にも事前の同意を与えておらず一方的な境界設定であるとして，ただちに大陸棚限界委員会に審査しないよう要請した。

　大陸棚延長の申請数は65件であった（予備的情報の提出国を含む）。審査終了が17件，審査中が6件，順番待ちが残りの42件である（2015年7月現在）。順番待ち42件の内容をみると，近隣国との間で深刻な問題を抱える海域に対する一方的な申請や，近隣国との共同申請，関係国の口上書提出（異議申立てなど）のある申請などが多く，世界には問題を抱えた海域が多いことを表している。近隣国との間のデリケートな問題には触れたくないとして申請を見送った国も少なからずあったはずである。

　東シナ海の日中韓の境界問題がそうであるように，大陸棚の境界争いは，実際上は海底鉱物資源の奪い合いの色彩が強い。今後世界各地の大陸棚でコバルトリッチクラスト，海底熱水鉱床，レアアース泥，石油・天然ガス，メタンハイドレートなど海底鉱物資源の争奪戦が始まるかもしれない。そうなれば皮肉にも，くすぶっていた近隣諸国間の火種を条約が再燃させてしまったということになる。大陸棚や排他的経済水域などの海の境界対立は，それぞれはローカル的であるが，世界の大部分の国が海に面していることを考え

ると，全地球規模の鉱物資源争奪戦に発展する危険をはらんでいる。

3.4　南極の鉱物資源をめぐる「開発」対「環境」の対立

　南極は鉱物資源の豊富な大陸と考えられている（第5章の1.2で述べる）。誰にでも開放され，自由で平和なこの南極においても鉱物資源開発に関して30年近くに及ぶ激しい対立があった。

　かつて日本を含むいくつかの国が南極の鉱物資源開発に積極的になった時期があった。20年近い審議の末1988年6月に南極鉱物資源活動規制条約が採択された。この条約は，環境保護に対する厳しい条件を課したうえで南極の鉱物資源開発を認めるものであった。しかし発効直前に民間の環境保護団体や南極条約非同盟諸国などの激しい抵抗にあって覆され，日の目を見ることなく消えた幻の条約である。南極で鉱物資源開発が行われれば，そこに工場ができ，車や重機が持ち込まれ，人間生活が営まれる。環境に最大限の注意を払っても環境悪化は免れず，地球環境に与えるダメージは計り知れないほど大きい。この条約にかわって発効した南極条約環境保護議定書（98年1月発効）によって少なくとも50年間は南極で鉱物資源の開発はできないことになった。

　また南極は自然環境だけでなく，政治的にもデリケートな地域である。南極条約の締約国には，クレイマント（領土権主張国7カ国）とノンクレイマント（領土権を主張せず，他国の領土権も認めない国），先進国と開発途上国，資本主義国と社会主義国など利害が相対立する国家グループが存在する。ひとたび資源開発が認められれば，奪い合いが始まり自由で平和な南極が一転して利害対立の場と化してしまう。

　南極は「環境」と「利害対立」という2つの厄介な問題を抱えた地域である。人類はまだ南極の資源に頼らなければならないほど切迫していない。

　以上述べてきたように鉱物資源の世界的な分捕り合いは第2次世界大戦後から今日まで70余年もの間断えることなく続いてきた。これまでの流れを振り返ると，これからも続いていく予感がする。

第 3 部

鉱物資源の枯渇対策

第5章

鉱物資源の枯渇対策

　鉱物資源の枯渇を避けるにはどうしたらよいか。いろいろな方法が考えられるが，どの方法も「鉱物資源を使わない」，「鉱物資源の消費を減らす」，「鉱物資源の量を増やす」のいずれかの範疇に入るであろう。前二者の例としては，プラスチックやセラミクスのように金属に劣らない性能をもつ，金属に替わる素材の開発や廃金属スクラップの再利用などが考えられる。これらはいずれも枯渇に対する効果的な対策であるがここでは述べない。企業や市民の関心が高く，表現は適切でないが，今のまま放っておいても前進すると思うからである。

　この章では「鉱物資源の量を増やす方法」について述べる。南極の鉱物資源開発のように著者が望まない方法であっても，鉱物資源の枯渇対策の一手段と考えられる場合は取り上げることにする。

1　未開発鉱物資源の開発

　人類がこれまでに開発したことのない鉱物資源に深海底の鉱物資源と南極の鉱物資源がある。これらの鉱物資源を開発し，新たに資源として取り込むことによって，資源の量を増やすことができる。

1.1　深海底鉱物資源の開発

　深海底鉱物資源は，1960年代以降世界で最も関心がもたれてきた未開発

鉱物資源である。深海底の鉱物資源として注目されているものにマンガン団塊，コバルトリッチクラスト，海底熱水鉱床およびレアアース泥の4種がある（口絵4）。以下，それぞれについて発見の経緯，産状，分布，成分および賦存量を簡潔に記述する。

1.1.1 マンガン団塊

① 発 見

4種の深海底鉱物資源のうち最初に発見され，最も調査研究が進み，最も開発に近いのはマンガン団塊である。イギリスの海洋調査船チャレンジャー号が世界一周探検（1872～76）の際，1873年2月大西洋フェロ島（モロッコ沖のカナリー諸島）の南西300kmの深海底から引き揚げたのが最初といわれている（GLASBY, 1977）。それに続いて，インド洋や太平洋からも次々と発見された。当時は今日ほど世界の鉱物資源の需要は多くなく，資源としてはほとんど注目されなかった。マンガン団塊が鉱物資源として価値が認識されるようになったのは金属の需要が急激に伸びた第2次世界大戦後，1960年代に入ってからである。70年代になると，アメリカをはじめイギリス，日本，カナダ，旧西ドイツ，フランスなど先進国の有力企業が，独自にあるいは国際ジョイントベンチャーを結成して，マンガン団塊の商業的開発をめざし積極的に活動を展開するようになった。

② 産 状

マンガン団塊は径が最大15cm程度の，ジャガイモを押しつぶしたような形状をした黒色～黒褐色の塊で（口絵5の写真上），海底の堆積物表面に存在し，分布密度の高いところでは海底をびっしりと敷きつめている（口絵5の写真下）。マンガン団塊は濃集量，個々の大きさ，形，内部構造，化学組成などは地域によって大きく変化する（GLASBY, 1977; CRONAN, 1980など）。

③ 分 布

マンガン団塊は全世界の海洋底に広く分布する（第6図）。日本近海でも三陸沖，伊豆・小笠原～マリアナ海域，沖縄東方海域など多くの海域に分布し

第6図 マンガン団塊の分布

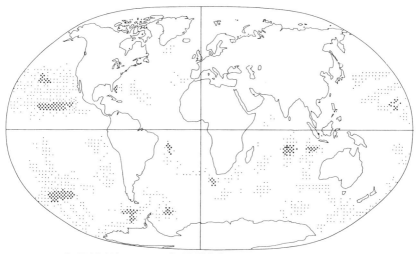

▦ マンガン団塊分布域　※ マンガン団塊濃集域
CRONAN (1980) による。

ている（臼井ほか, 1994）。

とりわけ有望視されているのはハワイ南東の「マンガン団塊ベルト」（通称「マンガン銀座」）と呼ばれる公海下の深海底で，マンガン団塊の濃集量は平均 $9.2kg/m^2$，最大 $25.9kg/m^2$，海底面の占有率は平均43%，最大70%に達するといわれている。

④　成　分

マンガン団塊を構成する主な物質はマンガンや鉄の酸化物・水酸化物である。マンガン団塊の色が黒いのはそれらの物質のためである。マンガン団塊はマンガン（普通15%以上）と鉄（普通10%以上）のほか，ケイ素（8～12%），アルミニウム（2～4%），ナトリウム（約2%），マグネシウム（約2%）などからなる（CRONAN, 1980）が，多種類の微量成分を含み，組成的にはかなり複雑である。資源として注目されているのは微量成分の銅，ニッケルおよびコバルトである。「マンガン団塊ベルト」産のマンガン団塊は銅，ニッケルおよびコバルトをそれぞれ平均1.02%，1.28%，0.24%含み（第5表），鉱

第 5 表　マンガン団塊の平均的化学組成

(重量 %)

場　所	水深 (m)	Mn	Fe	Cu	Ni	Co	Zn	Pb
マンガン団塊ベルト[1] (ハワイ南東海域)	4,400〜5,200	25.4	6.9	1.02	1.28	0.24	0.140	0.045
太平洋中央海盆[2]	5,000〜5,500	19.3	14.5	0.38	0.56	0.32	0.065	0.080
ペンリン海盆[3] (南西太平洋)	5,100〜5,300	17.3	16.1	0.22	0.43	0.42	0.059	0.084

1) HAYNES et al. (1986), 2) USUI and MORITANI (1992), 3) USUI et al. (1993)。

石としての品位はいずれも現在採掘されている陸上の鉱石と比べて高い。

⑤　賦存量

　マンガン団塊の総賦存量は広大な海洋の全域を調査しなければ判明しないが，ARCHER (1979) の見積りによれば，「マンガン団塊ベルト」の一部を含むとりわけ有望な海域だけに限っても，埋蔵量は 230 億 t（乾燥後の重量）に達する。その中には銅が 2 億 3,000 万 t（平均品位 1.02% として），ニッケルが 2 億 9,000 万 t（平均品位 1.28% として），コバルトが 5,000 万 t（平均品位0.24% として）含まれることになり，2015 年の世界の消費量を基準にすると銅は 10 年分，ニッケルは 170 年分，そしてコバルトは 2013 年の世界の消費量を基準にすると実に 600 年分存在することになる。この見積りには濃集量，海底面での占有率，品位の均質性など多くの仮定が含まれているが，いずれにしても，世界の海洋全体を考えると，その資源量は陸上資源と比べてはるかに莫大なものといえる。

　また深海底で生成したマンガン団塊が海洋プレートに乗って移動し，プレートが海溝で沈み込む際に剝ぎ取られ，付加体となって陸上に乗り上がったと考えられるものが発見されている（口絵 6）。これは，地質時代的過去に生成したマンガン団塊が現在の陸上や海洋底に広範囲に分布する可能性を示唆する。もしそうであれば，銅，ニッケルおよびコバルトの賦存量はマンガン団塊だけでも無尽蔵となる。

1.1.2 コバルトリッチクラスト

① 発見

　コバルトリッチクラスト（「コバルトに富むクラスト（殻）」の意味）は，1981年に中部太平洋のライン諸島近海で実施された旧西ドイツとアメリカの共同調査（MIDPAC'81研究航海）ではじめて発見された（HALBACH et al., 1982）。その後83〜86年にアメリカ，旧西ドイツ，日本，フランスが相次いで中部〜西部太平洋海域で調査を行い，この海域にコバルトリッチクラストが広範囲に分布していることが確認されると，海洋の新しい鉱物資源として一躍脚光を浴びることとなった。

② 産状

　コバルトリッチクラストは，太平洋，大西洋およびインド洋の水深5,000〜5,500mの海洋底から比高3,000〜3,500m立ち上がった海山や海台（水深約800〜2,800m）の斜面や頂部で，基盤岩にへばりついて存在する（口絵7の写真下）。形状はマンガン団塊と異なるものの，色や表面状態などはマンガン団塊と類似する（口絵7の写真上）。

③ 分布

　海山や海台は世界の大洋に広く分布し，太平洋だけでも1万個存在するといわれている（石井, 1988b）。これまで精力的に調査が行われたのは，海山が高密度に存在するハワイ諸島から伊豆〜マリアナ海溝にかけての中部〜西部太平洋海域である。太平洋におけるコバルトリッチクラストの潜在的分布域を第7図に示した。有望海域は公海下の深海底に限らず，沿岸国の管轄権が及ぶ大陸棚や排他的経済水域にも存在する。

④ 成分

　コバルトリッチクラストはフェロ・マンガン酸化物からなる。化学組成はほぼマンガン団塊と同じであるが，コバルトの品位が0.5〜1%と高く（第6表），一般にマンガン団塊の2〜3倍，陸上コバルト鉱山（普通0.1%）の数倍〜10倍のコバルトを含有する。逆に銅の品位はマンガン団塊と比べてかなり低

第7図 太平洋におけるコバルトリッチクラストの潜在的分布域

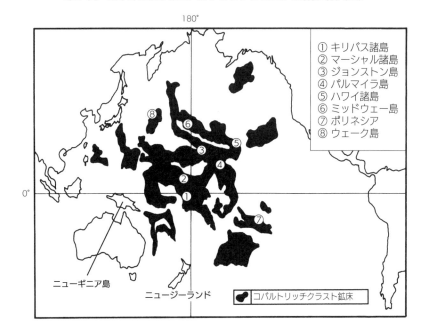

い。資源として注目されているのはコバルト，ニッケルおよび銅であるが，日本近海の南鳥島周辺海域や小笠原海台からはプラチナをそれぞれ1〜2ppm（東海大学 CoRMC 調査団, 1991），0.4〜0.5ppm（石井, 1988a）含むクラストが発見され，プラチナの資源としても関心がもたれている。

⑤ 賦存量

　ハワイ諸島周辺の海山域におけるコバルトリッチクラストの平均被覆率は約40%と推定されている（原田, 1986）。富士山級の山々の表面の40%をコバルトリッチクラストが覆っているというイメージだ。アメリカの調査によれば，きわめて粗い見積りに過ぎないが，太平洋におけるアメリカの排他的経済水域内に賦存するものだけでも40億tと推定されている（資源エネルギー庁, 1989）。コバルトの平均品位を1%とすると，この中には4,000万tのコバルトが含まれる計算になり，これは2013年の世界の年間消費量の450〜

第5章　鉱物資源の枯渇対策　　47

第6表　コバルトリッチクラストの平均的化学組成

(重量 %, Pt は ppm)

場　所	水深（m）	Mn	Fe	Cu	Ni	Co	Zn	Pb	Pt
中部太平洋[1]									
ハワイ南方		17.7	10.7	0.120	0.33	0.51	0.077		
ライン諸島		22.8	11.6	0.057	0.62	0.98	0.094		
ジョンストン島		25.2	12.9	0.073	0.64	1.02	0.086		
中央太平洋海山群		22.5	14.6	0.082	0.53	0.83	0.085		
小笠原海台周辺海域[2]	790～2,780	20.43	13.57	0.082	0.48	0.56	0.070	0.18	
マリアナ海溝北東海山[3]									
サンプル番号47		25.25	16.69	0.05	0.53	1.01	0.06	0.26	
サンプル番号57		24.53	5.13	0.08	0.77	0.66	0.10	0.24	
南鳥島近海の海山[4]	1,240	21.27	5.41	0.13	0.77	0.43	0.10	0.14	1.20
		19.34	4.27	0.10	0.64	0.49	0.09	0.13	1.00
		23.84	9.41	0.11	0.70	0.67	0.09	0.18	2.30
		24.42	15.88	0.08	0.62	0.78	0.08	0.21	2.50
		20.67	5.88	0.08	0.69	0.49	0.10	0.14	2.80

1) HALBACH（1986），2) 臼井ほか（1987），3) 野原（1987），4) 東海大学 CoRMC 調査団（1991）。

500 年分にあたる。

1.1.3　海底熱水鉱床

① 発見・分布

　1965～66年に実施されたアメリカのアトランティスⅡ世号の調査により，紅海底のディープと呼ばれる窪地に銅，亜鉛，鉛，金，銀など多種の金属を含む重金属泥が存在することが確認された。これが海底熱水鉱床の最初の発見であった。その後，重金属泥を含む同様のディープは紅海の中央を縦断する中軸帯に沿って次々と発見された。この中軸帯は，いわば「地球の割れ目」であり，ここでの金属鉱床の発見は，同じような地質学的環境にある大洋中央海嶺の中軸帯（拡大軸部）の調査研究へと発展していった。

　中央海嶺とは，海底に生じた割れ目に沿って延々と続く海底火山列であり，次のようにできたと考えられている。海洋地殻がマントル対流によって両側に引っ張られて割れ，割れた海洋地殻が対流に乗せられるように両側に

移動し離れていく（口絵4）。割れ目はマグマ活動が活発で，ここでは海底下からマグマが次々供給され，大海底火山が形成される。東太平洋海膨，大西洋中央海嶺，インド洋中央海嶺などが知られている。

海底からの高温熱水の噴出や熱水からの鉱物沈殿など鉱床生成の現場をはじめて目撃したのは，1978～79年にかけて東太平洋海膨北緯21度の中軸帯において行われたフランス，アメリカおよびメキシコによる共同調査（RITAプロジェクト）であった（HAYMON and KASTNER, 1981; ポト, 1983 など）。そして，81年のアメリカNOAAによるエクアドル沖560kmのガラパゴス拡大軸における調査で，長さ970m，幅200m，高さ35m以上に及ぶ巨大な鉱床が発見され，急速に資源的関心を集めることとなった（MALAHOFF, 1982 など）。その後この種の鉱床は東太平洋海膨北緯13度，同南緯20度付近（ポト，1983 など）や大西洋中央海嶺北緯23度付近（加瀬ほか，1988 など）などで相次いで発見された。

日本近海の伊豆～小笠原海溝や琉球海溝（南西諸島海溝とも呼ばれる）の背弧側には陥没性の窪地トラフが発達する。これらの窪地は，紅海底や中央海嶺と類似の地質現象によって形成されたと考えられ，そのような場の調査研究も盛んに進められるようになっていった。その結果，マリアナトラフ，沖縄トラフなどから海底熱水鉱床が相次いで発見された（第8図）。沖縄トラフでは黒煙状の熱水が2m近くも激しく湧き上がる高さ1m余のチムニー（煙突）が観察されている。

② 産　状

海底熱水鉱床は，海底火山活動の活発な「地球の割れ目」で形成されている。金属分を含む200～350℃の熱水が海底から海水中に噴出し（口絵8の写真上），海水と混じって急速に冷やされ，金属分が硫化物などとして凝固し海底に沈積したものである（口絵8の写真下）。

③ 成　分

海底熱水鉱床では銅，亜鉛，鉛などの硫化物が注目されがちであるが，実際はマンガン酸化物型鉱床やマンガン酸化物と硫化物からなる混合型鉱床が

第8図 日本近海における海底熱水鉱床の分布

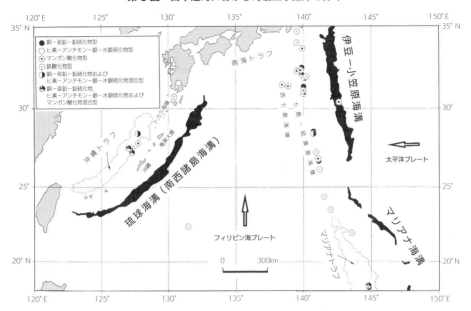

多い。

　銅－亜鉛－鉛硫化物型鉱床に限ると，鉱床は一般に亜鉛，銅，鉛に富み，金，銀，白金などの貴金属やニッケル，コバルトなどのレアメタルを少量伴う。東太平洋海膨北緯21度付近の多金属塊状硫化物鉱床からは数百 ppm のコバルトや銀が検出されている。また同鉱床の白鉄鉱や黄銅鉱には白金がそれぞれ最大 1.17％，0.32％ 含まれ，黄鉄鉱には金が最大 3.15％ 含まれる（OUDIN, 1983; ポト, 1983）。沖縄トラフの JADE 熱水地帯の熱水噴出孔付近からは 1％ の銀を含む閃亜鉛鉱が産する。

　資源として有望な海底熱水鉱床は，公海下の深海底にも大陸棚や排他的経済水域にも存在する。

④　賦存量

　銅－亜鉛－鉛硫化物型鉱床のうちこれまでに知られている最大のものは，先に述べたガラパゴス拡大軸で発見された鉱床である。その資源量は 500 万

t とも，200 万 t とも推定されているが定かではない。紅海のアトランティス
II ディープでは 60km^2 の範囲内に 1 億 t の鉱量があり，その中には 250 万 t
の亜鉛，50 万 t の銅，9,000t の銀が含まれると見積もられている（ELGARAFI,
1980 など）。地球上には海嶺部だけでも長さが 2 万数千 km 存在しており，こ
れに背弧のトラフなどの長さを含めると，海底熱水鉱床は今後次々発見され
ていくことが期待できる。

　海嶺部では物質が年に数 cm というきわめてゆっくりとした速度で両側へ
移動しており，中央海嶺から離れた海底や陸上にも古い時代に生成した海底
熱水鉱床が発見される可能性がある。実際，マンガン酸化物型海底熱水鉱床
がフィリピン海プレートに乗って移動し，琉球海溝で剥ぎ取られ，付加体と
なって陸上に乗り上がったと考えられる鉱床が鹿児島県奄美大島に存在す
る。大和鉱山を代表とするマンガン鉱床群がそれである（志賀, 2017）。

　現在生成している海底熱水鉱床だけでなく，これに過去に生成し現在海洋
プレートに乗って移動中のものを加えると，海底熱水鉱床だけでも，銅，亜
鉛，鉛，マンガン，金，銀などの賦存量は無尽蔵となる。

1.1.4　レアアース泥

①　発　見

　レアアース泥とは，深さ 3,500〜6,000m の深海底に分布する，高濃度のレ
アアース（希土類）を含む泥である。東京大学の研究チームが 2011 年に発見
した（KATO et al., 2011）。マンガン団塊，コバルトリッチクラスト，海底熱
水鉱床に次ぐ第 4 の深海底鉱物資源である。日本やアメリカが参加した国際
深海掘削計画（ODP，1985〜2002 年）などで太平洋の広範囲で採取され，参
加各国の研究機関に保管されている 78 地点の 2,000 を超える海底堆積物
（泥）を分析して明らかにした。

　また，東京大学と海洋研究開発機構 JAMSTEC の研究チームは 2013 年 1
月，JAMSTEC の深海探査研究船かいれいにより南鳥島南方の日本の排他的
経済水域内（水深 5,600〜5,800m）において調査航海を行い，超高濃度のレア
アース泥を発見している（朝日新聞 2013 年 3 月 22 日付け; 加藤, 2013）。

② 産　状

太平洋の海底には厚さ数百 m の泥状の遠洋性堆積物が積もっている。レアアース濃集部はこの堆積物中で層状をなす。濃集部の層の厚さは 2 〜 70m で，場所によって大きく変化する。

③ 分　布

レアアース泥の調査研究は始まったばかりである。調査は太平洋でしか行われておらず，したがって鉱床の分布はまだ明らかでない。これまでの研究では，高いレアアース含有量をもつ泥が広く分布するのは，南東太平洋（フランス領ポリネシアのタヒチ島周辺），中央太平洋（ハワイ諸島の東西に広がる海域）（第 9 図）および南鳥島周辺海域の 3 カ所である。

レアアース泥は主に公海下の深海底に分布しているが，南東太平洋の一部

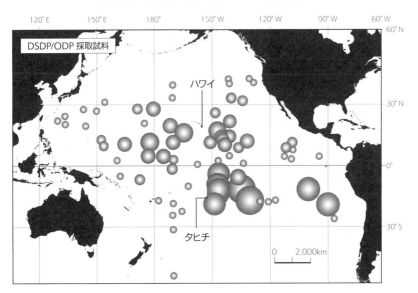

第 9 図　太平洋におけるレアアース泥の分布

●試料の採取地点。大きさは濃度を表す。この図には，南鳥島周辺海域に分布するレアアース泥は示されていない。

加藤（2013）による図を改変した。

はフランスの排他的経済水域内に，中央太平洋の一部はアメリカの排他的経済水域内に，そして南鳥島周辺海域の一部は日本の排他的経済水域内に存在している。

④　成　分

　南東太平洋においては，レアアース含有量 1,000～1,500ppm の泥が 2～10m 程度の厚さで分布している。中央太平洋のレアアース泥はレアアース含有量こそ南東太平洋と比べると低い（400～1,000ppm）ものの，その厚さは最大 70m（平均 23.6m）にも達する。南鳥島南方海域のレアアース泥は海底面下 3m の浅部に存在し，そのレアアース含有量は 6,600ppm（0.66％）に達する。陸上資源はレアアース含有量が 400ppm 以上であれば採掘可能であることを考えれば，これらの海域のレアアース泥はかなり高品位であることがわかる。

　太平洋のレアアース泥鉱床はレアアース含有量が高いばかりが特徴でない。モーターの磁石に使うジスプロシウムや蛍光体の材料になるテルビウムなど，先端産業に欠かせない重希土類の含有量が高い。とくに，南鳥島南方海域のレアアース泥は，ジスプロシウム含有量が 300ppm（中国のイオン吸着型鉱床の 30 倍）を超える超高品位泥である（加藤，2013）。

⑤　賦存量

　南東太平洋と中央太平洋の 2 つの海域を合わせただけでも埋蔵量は 900 億 t と見積もられ，これは現在陸上に存在するレアアース埋蔵量約 1 億 1,000 万 t のおよそ 800 倍に及ぶ（加藤，2013; 朝日新聞 2011 年 7 月 4 日付けなど）。南鳥島を囲む日本の排他的経済水域内のレアアースで日本の年間消費量の 200 年分を賄うことができるという（朝日新聞 2012 年 6 月 29 日付けなど）。

　レアアース泥の調査研究が今後大西洋，インド洋など世界の海洋底で行われ，鉱床が発見されれば資源量はさらに増える。これに海洋プレートの移動を考え合わせると，レアアース泥は世界中の海底と陸に広範囲に分布することが期待でき，そうなればレアアースの賦存量は無尽蔵となる。

1.1.5 深海底鉱物資源開発の問題点

　深海底鉱物資源の開発（商業生産）は人類にとってまだ経験がない。日本はその開発に向けて長く地道な調査を積み重ねてきたが，次のような不安や疑問がある。

・生産コスト（探査，採鉱，船舶維持，環境対策などの費用）の点では明らかに陸上資源に分があり，価格面で陸上資源と互角に渡り合っていけるか。大金をかけて生産したからといって，高く売れるわけではない。

・生産を開始した後，順調に操業が継続できるとは限らない。不透明な外部要因，例えば，絶えず変動する需給や価格などに長期的に持ちこたえていけるか。莫大な初期投資を考えれば途中でやめることもできず，損を承知で生産を続けなければならない事態が発生するかもしれない。

・開発は誰がやるのか。上で述べたように開発には高いリスクが伴う。これほどのリスクを覚悟で手を挙げる民間企業は現れるであろうか。日本の国策会社深海資源開発株式会社 DORD が実施主体になることも考えられるが，鉱山会社，製錬会社，商社，造船会社，金融機関など複数の民間企業が資金を出し合って，あるいはこれに DORD が加わって，リスクの分散を図るのが現実的と思われる。国は企業（団）に対して，補助金を出す，出資・融資をする，債務保証をするなど，第3章の2で述べた支援はもちろんのこと，価格の下落により損失が発生した場合は，損失を補てんする，または生産した資源を高く買い上げる（国は，高く買い上げた資源を市場価格で販売したり備蓄に回したりする）など，いかなる事態にも対応できるように備えておかなければならない。

1.2　南極の鉱物資源の開発

　南極大陸は地質学的に，先カンブリア時代の安定大陸である東南極，古生代〜中生代の西南極，両者の境界に発達する南極横断山脈とリフト帯，および南アメリカ大陸の延長にあたる南極半島の4つの部分からなる（第10図）。厚さ平均 2,000m の氷床を剥ぎ取ると，東南極は大陸，西南極は大きな島の集合であることが判明している。露岩地域は南極全体のわずか 3% で，海岸

線や山脈などごく一部に限られ，鉱物資源の分布状況を把握することは実際上不可能であるが，それでも多くの場所で有用鉱物の産出が確認されている。期待される資源には次のようなものがある。

1.2.1 石 炭

多くの場所で石炭の産出が確認され（第10図），南極は世界有数の石炭の宝庫と推測されている。とくに注目されているのは南極横断山脈であり，ここには二畳紀〜三畳紀の石炭層が広く分布している。石炭層は何枚もあって，各層の厚さはところによっては5m以上に達する。また石炭は東南極のプリンスチャールス山脈にもみられる。南極横断山脈とプリンスチャールス山脈の石炭は，もしそこが南極でなければすでに開発が進められていたであろうといわれている（SPLETTSTOESSER, 1985）。

1.2.2 縞状鉄鉱層

東南極の各地で縞状鉄鉱層の露頭や転石が発見されている（第10図）。プリンスチャールス山脈のマウントルーカーとマウントステイナーの露頭はとりわけ注目されている。マウントルーカーでは約10層のジャスピライト（jaspilite）層が認められ，変成した塩基性噴出岩や含鉄ケイ岩などからなる岩層と互層をなしている。主要なジャスピライト層は約400mの厚さがある。鉱石鉱物は磁鉄鉱と赤鉄鉱である。磁気異常の広さは幅5〜10km，長さ120〜180kmに及び，膨大な鉱量が期待できる（SPLETTSTOESSER, 1985）。同様の縞状鉄鉱層は昭和基地東方のエンダービーランドでも発見されており，東南極は縞状鉄鉱層の有望地域と推測されている（ROWLEY, 1983）。

1.2.3 デュフェク塩基性層状貫入岩体

この岩体はペンサコラ山脈の北部に位置し（第10図），厚さ8〜9km，面積5万km^{2}以上の層状をなす（BEHRENDT et al., 1980）。この岩体にはすでに厚さ数mの磁鉄鉱の鉱床が確認され，そのほかコバルト，プラチナ，銅，チタン，バナジウムなどの鉱床の存在も期待されている。

第10図 南極における鉱物資源の分布

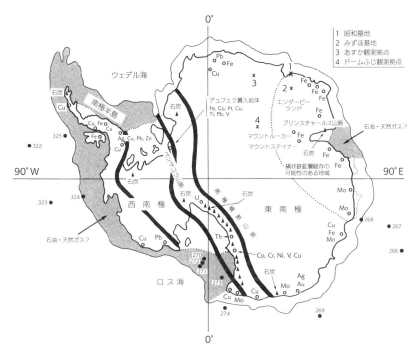

1.2.4 斑岩型銅・モリブデン・金鉱床

南アメリカのアンデス山脈に沿っては大規模な斑岩型銅・モリブデン・金鉱床が数多く分布している。南極半島は地質学的にアンデス山脈と連続していることから，南極半島にも同型の鉱床が存在すると期待されている（ROWLEY and PRIDE, 1982）。事実，経済性は低いものの，数カ所で（第10図）斑岩型の銅鉱化作用が認められている。

1.2.5 石油・天然ガス

深海掘削計画（DSDP, 1968～83年）に基づき，73年1月から2月にかけてグローマーチャレンジャー号によってロス海の大陸棚上で4本のボーリングが行われた（第10図にボーリング地点が示されている）。そのうちの3本がメタンやエタンを含む中新世の地層に遭遇し（SHIPBOARD SCIENTIFIC PARTY,

1975), 天然ガスの兆候として議論が高まった。南極大陸周辺の大陸棚, とくにウェデル海やロス海など比較的新しい堆積物中に石油や天然ガスが埋蔵されている可能性がある (BEHRENDT, 1991)。

1.2.6 周辺大陸からの類推

大陸移動説によると, 南極大陸は古生代以前にはアフリカ, インド, オーストラリア, 南アメリカ大陸などと一体になってゴンドワナ大陸を形成していた。ゴンドワナ大陸はおよそ1億5,000万年前から分離を始め, およそ2,000万年前に今日のような形状になった。ゴンドワナ大陸から分離したこれらの大陸には鉱物資源が豊富に存在する。このことは, これらの大陸に存在する鉱物資源が南極大陸にも広がっていることを示唆する。

2 鉱業技術の開発

20世紀初頭, アメリカにおける銅鉱石の採掘最低品位[1]は約2%であった(第11図)。当時は採鉱法, 選鉱法, 製錬・精製法などの鉱業技術が低く, これより品位の低いものは経済的回収が困難で, 開発対象にならなかった。その後技術に改善が加えられ, 今日では0.4%程度にまで下がっている。すなわち, 20世紀初頭には見捨てられていた2%から0.4%までの低品位鉱が今日では立派な鉱石として採掘できるようになったということである。天然には品位の低い鉱石ほど多量に存在することを考え合わせると, この100年の間に膨大な量の鉱物資源が増加したことになる。鉱業技術がさらに進歩し品位の低い鉱石が開発できるようになれば鉱物資源の量は増え続ける。

ここでは, 鉱業技術の開発によって鉱物資源の量が増えた例を具体的に紹介する。

---

1) カットオフ品位ともいう。採掘最低品位は, 鉱山の地理的立地条件, 金属価格, 採鉱コスト, 選鉱コストなど経済的要素を考慮して設定される。地理的立地や金属価格が同じ条件下では, 採鉱法・選鉱法などの技術レベルが高いほど採掘最低品位を低く設定でき, 同じ鉱床からより多くの資源を得ることができる。

第 11 図　アメリカにおける銅鉱石の採掘最低品位の推移

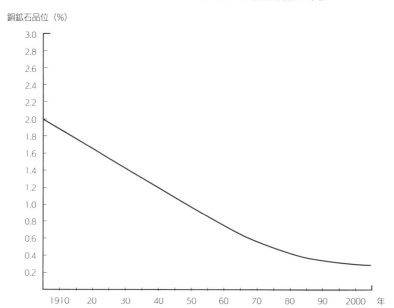

2.1　選鉱技術の開発

　現在の選鉱法の主流は浮遊選鉱法である（第 12 図）。略して浮選法や浮選と呼ばれることもある。細かく砕いた鉱石を水に懸濁させ，浮選剤を添加する。これに空気を導入して気泡を発生させ攪拌すると，鉱石中の有用鉱物は気泡に付着して浮かび，非有用鉱物は気泡に付かず沈下する。このようにして鉱石を有用鉱物と非有用鉱物に分離し有用鉱物だけを回収する方法である。今日では世界のほとんどの鉱山がこの方法を採用している。浮選法はすでに 150 年にも及ぶ長い歴史があるが，浮選機の開発，浮選剤の開発，磨鉱機の開発などこれまでの技術的進歩にはめざましいものがある。

　浮選法が普及する 20 世紀初頭まではわずかな比重差を利用して比重選鉱が行われていたが，比重選鉱法では高品位鉱しか選鉱できなかった。しかも回収率が低く無駄も多かった。例えば，高品位の銅鉱石でさえ銅回収率は 60〜70% 程度にとどまり，30〜40% は回収できず廃棄されていた。また低

第12図 浮遊選鉱（浮選）法

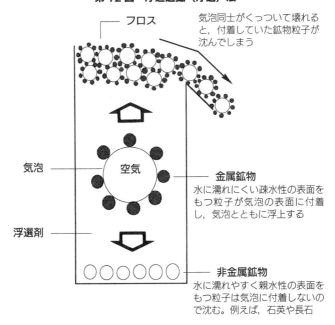

品位鉱や多種類の微細な有用鉱物からなる複雑鉱は選鉱が難しいため見捨てられていた。浮選法が普及してからは，
- 回収率が格段に高まり，無駄が少なくなった。今日では銅鉱石の銅回収率は90～95％に達している。
- 低品位鉱の選鉱が可能になり，見捨てられてきた低品位鉱が資源として生きてきた。
- 黒鉱[2]のような複雑鉱も鉱物分離が可能になり，資源としての価値が生じた。黒鉱の浮選法は1970年代のHigh–Lime法が80年代にはSO$_2$–Lime

---

2) 日本を代表する鉱床で，英語でKUROKOと表記される。東北日本内帯（新潟県，秋田県，青森県などおもに東北地方の日本海側）に分布するが，鉱山はすべて閉山した。代表的な鉱山に小坂鉱山（秋田県）があった。海底熱水鉱床起源とされる。

第5章　鉱物資源の枯渇対策　　59

第7表　High‒Lime法およびSO₂‒Lime法による黒鉱の浮遊選鉱成績

精鉱	High‒Lime法（1970年）			SO₂‒Lime法（1985年）		
		品位（%）	実収率（%）		品位（%）	実収率（%）
銅精鉱	銅	19	93	銅	23	93
鉛精鉱	鉛	47	37	鉛	56	66
亜鉛精鉱	亜鉛	54	59	亜鉛	55	93
黄鉄鉱精鉱	黄鉄鉱	50	85	黄鉄鉱	49	75
				$BaSO_4$ 精鉱	97	50
金			32			70
銀			64			88

金属鉱業事業団（現，JOGMEC）による。

法に改善され，これによって黒鉱の鉛，亜鉛の資源量はそれぞれ 1.8 倍，1.6 倍に増加した（第7表）。

以上のように，浮選法の出現により鉱物資源の量は飛躍的に増大した。このように選鉱法を開発したり工夫することによって鉱物資源の量は増やすことができる。

2.2　製錬・精製技術の開発

製錬・精製法の開発によって資源量を増やすこともできる。例を挙げればきりがないが，身近な金で紹介する。金は明治末期頃まで灰吹法やアマルガム法で回収されていた。灰吹法は，金鉱石を砕き水中でゆすりながら金の多い部分をえり分け（砂金のパンニングに似た作業），これに鉛を加えて加熱し鉛と金の合金をつくる。この合金を灰吹床で加熱して溶かし，鉛を灰に染み込ませて灰の上に金だけを残す。その後同様の作業を行い，金の純度を上げるというものである。他方アマルガム法は，混汞法ともいわれ，粉砕した金鉱石を微細な粒になるまで挽き，これに水を加えて練り，水銀とともに攪拌して鉱石中の金を水銀に溶かし込んでアマルガム（金と水銀の合金）とする。これをキューペル（灰吹き皿）にのせて加熱し，水銀を蒸発させて金を得るとい

第8表　金銀の精錬法の歴史

精錬法	日本で使用された時代	おもな対象	備考
灰吹法	戦国時代〜江戸時代（最盛期は江戸時代初期）	自然金（トジ金）	・石見銀山から生野銀山，佐渡金山，山ヶ野金山など全国各地に普及。 ・銀黒鉱は捨てられていた。
アマルガム法	明治初期〜明治末期	自然金（トジ金）	・明治4年に生野銀山で始まり，明治6年佐渡金山，明治9年山ヶ野金山で改善され，全国各地に普及（岩崎，1911）。 ・銀鉱物は溶けにくく（五味，2015），微細なエレクトラム粒子を含む銀黒鉱からの金銀の回収は困難であった。
青化法	明治中期〜昭和	銀黒鉱に拡大	・明治30年鹿児島の祁答院製錬所で始まり，明治34年牛尾金山などを経て，全国各地に普及（岩崎，1911）。 ・銀鉱物も溶け（五味，2015），銀黒鉱からの金銀の回収が容易になった。 ・アマルガム法に比して産金量が著しく増大。
乾式法（自溶炉－電解法）	昭和中期〜現在	珪化岩（ケイ酸鉱）に拡大	・足尾に昭和31年に導入。その後，小坂，佐賀関，東予，玉野など全国各地の製錬所に導入。 ・珪化岩（珪酸鉱）から金銀の回収が可能になり，産金量が著しく増大。

これらの方法のほかにCIP法やヒープリーチング－CIP法があるが，日本では採用されていない。

うものである。アマルガム法は水銀による人体への悪影響があるため，一部の開発途上国の零細な砂金採掘業者を除いて，今ではほとんど採用されなくなっている。これらの方法では，俗にトジ金と呼ばれる肉眼で識別できるような粒の大きい金（自然金）しか回収できず，肉眼では見えない微細な金粒は見逃されていた（第8表）。高品位鉱しか採掘対象にならないことから無駄が多かった。

　明治30年代初期に青化法が導入された。この方法は，金鉱石を水とともに粉砕して泥状のパルプにし，これにシアン化ナトリウム（青化ソーダ）液を加えて空気を吹き込むと金が溶け出す。これを濾過して金の溶けた液を回収し，亜鉛の粉末を加えて金を沈殿させるというものである。この方法が導入されてからは，微細な金粒を産する鉱床や銀黒鉱も開発できるようになり，

産金量は飛躍的に増えた。

　今日金の製錬・精製で世界の主流となっているのは，日本に昭和中期に導入された自溶炉－電解法である。これは金を銅製錬の副産物として回収するというまさに感動的な技法である。金鉱石は大部分が石英（ケイ酸）からなるので，この金鉱石を銅製錬のフラックスとして用いると，金鉱石中の金は銅マットに吸収される。金を含む銅マットは転炉工程，精製炉工程を経た後電解精錬され，金は陽極スライムとなり，純度 99.99% 以上の電気金として回収される。

　金鉱石には普通銀が，ときにはテルルやセレンなどの金属鉱物が含まれる。これらの金属は銅の製錬過程で金と挙動をともにするが，最終的に電解法によって金と分離され，それぞれ無駄なく純度 99.99% 以上の電気銀，電気テルルなどとして回収される。

　金鉱石中の金含有量は，高品位といわれる菱刈鉱山[3] の鉱石でさえ平均40g/t とごくわずかである。春日鉱山や岩戸鉱山，赤石鉱山[4] の金鉱石にいたっては，平均金含有量は 2000 年頃までは 5〜10g/t であったものが現在では 2〜3g/t にまで低下している。金鉱石を銅製錬のフラックスとして用い金を副産物として回収する方法は，鉱石の金含有量がどれほど低くても確実に回収できるという画期的な方法であり，金資源の増大に大きく貢献している（第 13 図）。

　以上のように，製錬・精製技術を発展させることによって，資源に無駄をなくし，無価値なものに価値を生じさせ，結果として資源量を増大させることができるのである。

　3）鹿児島県にある浅熱水性鉱脈鉱床で，東洋一の大金山として世界に知られている。2019 年 4 月現在操業中。

　4）いずれも鹿児島県にある南薩型金鉱床。温泉噴気帯の直下，地表近くで，安山岩が珪化してできたとされる。鉱石（珪化岩）の金品位は世界最低レベルに近いが，これらの鉱山は「技術の進歩により資源の量は増えていく」の好例であり，鉱業史上の価値はきわめて高い。2019 年 4 月現在操業中。

第13図　金の精錬技術の進化と鉱石品位・資源量の変化

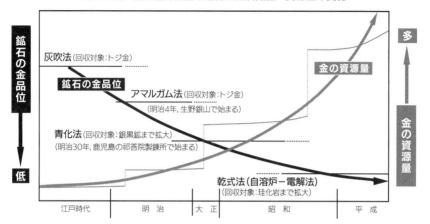

2.3 低品位鉱の開発

　近年鉱物資源開発は低品位化，深部化，奥地化が進み，開発条件は悪化する方向にあり，鉱業技術の開発の努力も低品位鉱の資源化や深部探査などに向けられてきている。

　鉱山では，採掘最低品位を設定し，それ以上の品位の部分を採掘する。採掘最低品位以下の部分や，それ以上の品位であってもまとまりに欠ける部分などは採掘しない。中国黒龍江省北西部の低品位大規模鉱床開発（斑岩型銅・モリブデン鉱床，露天掘り）の試算では，銅の採掘最低品位を 0.2% に設定すると，膨大な量の低品位部分が採掘対象となるため，採掘最低品位を 0.4% に設定した場合と比べて銅金属量は約 6 倍になるという（国際協力事業団・金属鉱業事業団，1993）。このように品位が少し低い部分が開発できるようになると，金属量は飛躍的に増大し，従来の小規模鉱山が中規模鉱山に，中規模鉱山が大規模鉱山に生まれ変わる可能性がある。

　しかし低品位鉱の開発には厄介な問題が多い。思いつくだけでも次のような問題がある。

・低品位鉱は金属含有量が低いので，一定の金属量を確保するには，採鉱系統における鉱石の大量採掘と，選鉱系統（鉱石の破砕・磨鉱工程も含む）に

第5章　鉱物資源の枯渇対策　　**63**

第9表　中国黒龍江省北西部の低品位大規模銅・モリブデン鉱床開発に要する操業費の試算

（万元）

採 鉱		選鉱（廃滓堆積場を含む）		付帯設備	
ディーゼル油・ガソリン	33,311.30	買電費	9,452.40	買電費	455.60
機械部品	15,664.00	硫化ソーダ	2,554.20	人件費	228.10
火薬・火工品	9,718.60	ボール	1,633.50	石　炭	186.00
油脂類	8,328.10	精鉱乾燥用石炭	1,543.00	バス費用	109.00
タイヤ・チューブ	8,092.70	ロッド	831.60		
人件費	5,953.00	機械部品	810.00		
買電費	5,839.40	ブチルザンセート	470.46		
ビット・ロッド	1,168.70	ケイ酸ソーダ	386.10		
外注修繕費	1,000.00	人件費	352.17		
		ミルライナー	308.88		
		消石灰	237.60		
その他を含めた合計	92,235.80	その他を含めた合計	19,364.56	その他を含めた合計	1,224.70

操業期間を20年とし，20年間の累計で表した。各操業費は，国によって，また同じ国でも立地条件によって異なる。国際協力事業団・金属鉱業事業団（1993）から抜粋し，編集した。

おける鉱石の大量処理を必要とする。

・採鉱系統では大量の鉱石採掘とともに，出鉱品位の管理が問題になる。一定品位の鉱石を破砕・磨鉱工程に給するには，各鉱体について精度の高い品位分布図を作成して高品位部と低品位部を選択的に採掘し，出鉱品位を厳しく管理する必要がある。

・低品位鉱ほど一般に有用鉱物の粒子が細かいので，有用鉱物と非有用鉱物を単体分離するにはそれだけ細かく磨鉱しなければならない。すなわち，普通の品位の鉱石の場合と比べて，より多くの鉱石を，より細かくしなければならず，したがってそれだけ破砕・磨鉱にかかる電力料金や設備費が多くなる。

・有用鉱物含有量の低い磨鉱から一定レベルの選鉱精鉱を得るには選鉱系統が複雑にならざるをえない。加えて，処理量も多いのであるから，それだけ設備，薬品などにかかる経費負担も多くなる。

　中国黒龍江省北西部の低品位大規模銅・モリブデン鉱床開発の試算（第9表）では，操業費のうちで大きな割合を占めるのは，採鉱系統における燃料

（ディーゼル油・ガソリン）費，機械部品費，火薬・火工品費など，選鉱系統における電力料金，薬品費などである。低品位鉱の開発はコスト削減との戦いであり，これを鉱山のみの努力によって成し遂げるのは容易でない。低品位鉱の開発には鉱山側と製錬所側の双方からの取り組みが必要となろう。例えば，選鉱精鉱の品位を少し低く設定したり，品位バラツキの許容範囲を広げたりして，鉱山側の負担を軽減し，製錬所側の技術開発に委ねることである。品位が低い精鉱やその時々によって品位バラツキが大きい精鉱でも製錬技術でカバーできるということであれば，鉱山側は無理をせず，製錬所側に任せたほうがよい。上で挙げた中国の低品位大規模鉱床開発の報告によれば，銅とモリブデンの分離は製錬の段階でも可能のようである。

　低品位鉱の開発には鉱業技術だけでなく外部条件も重要である。例えば，燃料費や電力料金が下がったり，または燃料や電力の消費量が削減できれば，採鉱から製錬・精製までのコストを抑えることができ，品位の低い鉱石でも採掘できるようになる。

　いずれにせよ，低品位鉱の資源化という困難な事業を行うにあたっては，鉱山側の努力だけでは限界があり，鉱山－製錬所間で，または関連業界をも取り込んで，技術交流を行ったり共同研究プロジェクトを組織するなどして取り組むことが必要であろう。

　上で述べた銅の製錬法は乾式製錬法である。銅の製錬方法には湿式製錬法もある。湿式製錬は乾式製錬と比べて資本・生産コストが低く抑えることができ，そのため酸化銅鉱（赤銅鉱，孔雀石などからなる鉱石）やその下部に存在する二次富化帯の硫化銅鉱（輝銅鉱，銅藍などからなる鉱石）に広く適用されている。しかし世界の銅資源の大部分を占める深部の黄銅鉱のような一次硫化銅鉱は浸出速度が遅いためまだ実用化の事例はない。

　近年，鉄酸化細菌（鉄酸化バクテリア）と呼ばれる溶液中の2価の鉄イオン（Fe^{2+}）を3価の鉄イオン（Fe^{3+}）に酸化する能力をもつ微生物を使って一次硫化銅鉱の浸出（リーチング）速度を速めようとする研究が世界で展開中である。日本でもJOGMECや大学，企業で盛んに研究が進められている（例えば，神谷，2009; 古川，2017など）。

鉄酸化バクテリアは Fe^{2+} を酸素で Fe^{3+} に酸化する（次式1）際に生じるエネルギーを利用して生育する細菌である。この鉄酸化バクテリアを使って Fe^{3+} を生産する。黄銅鉱のバイオリーチングは，生産した Fe^{3+} を使って黄銅鉱から銅を浸出し（次式2），溶媒抽出−電解採取法（SX−EW 法）で銅を生産する方法である。

$$4Fe^{2+} \ + \ 4H^+ \ + \ O_2 \ \rightarrow \ 4Fe^{3+} \ + \ 2H_2O \ \cdots\cdots\cdots (1)$$

$$CuFeS_2 \ + \ 4Fe^{3+} \ \rightarrow \ Cu^{2+} \ + \ 5Fe^{2+} \ + \ 2S \cdots\cdots\cdots (2)$$

実用化までには，式2で銅（Cu^{2+}）と同時に溶出する鉄（Fe^{2+}）を酸化剤（Fe^{3+}）として再利用する方法や浸出に適した鉱石の粒度を見出すなどの課題が残されている。また，リーチングや SX−EW 法では薬品が使用されるので，環境への配慮を忘れてはならない。湿式製錬法の開発と並行して廃液処理技術の開発を進める必要がある。

3　非鉱物資源の資源化

世界の鉱物資源開発は品位の低い方へ低い方へと向かっていることは今述べたとおりであるが，岩石や土は究極の低品位鉱である。それらから金属を回収するにはコストがかかりすぎ企業利益に結びつかないため，一般にはまだ金属資源とはみなされていない。地球上のどこにでも普遍的に存在し，探査の必要がほとんどない岩石や土，海水などから金属を経済的に（安く）回収する技術が開発されれば，それらの金属の資源量は一気に無限になり枯渇の心配はほとんど解消される。

3.1　岩石からの金属の回収

地殻に存在する岩石の中で最も多いのは花崗岩類である。この花崗岩類には平均で 7.7% のアルミニウム，2.7% の鉄，0.2% のチタンが含まれる（KRAUSKOPF, 1979）。アルミニウムと鉄は主として長石，黒雲母，角閃石などのケイ酸塩鉱物の形で，チタンはチタン鉄鉱という酸化物の形で存在してい

る。また地殻には，花崗岩類ほどではないにしても，超塩基性岩類（橄欖岩や蛇紋岩など）も多量に存在する。この岩石類はニッケルに富む。例えば，北上山地の早池峯超塩基性岩には $0.1 \sim 0.3\%$ もの NiO が含まれる（志賀, 1983; SHIGA, 1987）。NiO は橄欖石や輝石などのケイ酸塩鉱物の形で存在している。

　ケイ酸塩鉱物は，選鉱も製錬も，酸化物や硫化物ほど単純ではない。鉱床や鉱石中の金属はほとんどが酸化物（磁鉄鉱 Fe_3O_4 など）や硫化物（黄銅鉱 $CuFeS_2$，方鉛鉱 PbS など）の形で存在している。鉱物ごとに磁性・比重や化学組成などの物理的化学的性質が大きく異なり，結晶構造も単純である。そのため選鉱は比較的容易で，製錬も酸化物から酸素を除いたり硫化物からイオウを除いたりと単純であった。一方ケイ酸塩鉱物は互いに物理的化学的性質が似ており，性質の似た多種類のケイ酸塩鉱物からなる岩石の中から特定のケイ酸塩鉱物を選別することは容易でない。そればかりか，ケイ酸塩鉱物を構成するアルミニウムや鉄，ニッケルなどの金属は他の元素とイオン結合や共有結合によって複雑かつ強固に結ばれており，このような鉱物から特定の金属を抽出するのはさらに難しい。

　いかにして商業ベースで岩石類から有用金属を抽出するか，これは相当に高いハードルである。岩石から特定の金属を取り出す製錬は，著者が知る限り，まだ行われたことがない[5]。従来の選鉱法や製錬法を使うことは難しく，例えば，岩石を高圧下で酸で溶かして溶液にするなど，これまでとはまったく異なる抽出法を模索する必要があるだろう。

　5）フィリピンなどでニッケルの原料として採掘されているケイ酸塩物質に珪ニッケル鉱 $(Ni,Mg)_6Si_4O_{10}(OH)_8$ がある。この物質はラテライト化した蛇紋岩中に産する。非晶質で組成が一定していないため独立した鉱物とは認められていない。このように非晶質物質からは結晶と比べて比較的容易に金属を取り出すことができるのであろう。これまで回収が難しいとされていた低品位ニッケル酸化鉱石からニッケルを回収する技術に住友金属鉱山(株)が開発した HPAL（高圧硫酸浸出）法があるが，ここでは述べない。

3.2 土からの金属の回収

　では，これらの岩石が地表で風化・分解してできた土はどうであろうか。岩石が空気や雨に触れて分解すると，水に溶けやすいアルカリ金属やハロゲン元素は溶脱し，鉄，アルミニウム，チタン，ケイ素などの水に溶けにくい成分だけが地表に残って相対的に濃集する。残った成分は土の中で水酸化物や水和物をつくっている。土は一般に茶褐色を呈するが，それは褐鉄鉱 $Fe_2O_3 \cdot nH_2O$ の色を反映したものである。黒雲母，角閃石などの鉄を含むケイ酸塩鉱物が風化・分解して鉄の水和物に変わったのである。

　風化した岩石から回収されている金属としてアルミニウム，ニッケル，レアアースがある（第10表）。アルミニウムはボーキサイトから，ニッケルは蛇紋岩源ラテライトから[5)]，レアアースは風化した花崗岩類から回収されている。風化前の原岩中においてアルミニウムとニッケルはケイ酸塩鉱物の形で，レアアースはおもにリン酸塩鉱物や炭酸塩鉱物の形で存在するため，上で述べたように抽出は難しい。しかし，風化した岩石中においてこれらの鉱物は地表の常温・常圧という条件下で水酸化物や非晶質物質に変質している。そのため，抽出が容易になったと考えられる。新鮮な鉱物より風化で生成した鉱物からのほうが技術的に楽に金属分を抽出することができることを示している。

　花崗岩を起源とする土ではケイ素，バリウム，ルビジウム，セリウム，ランタン，ネオジム，リチウム，鉛，トリウム，プラセオジムが，なかでもレアアースが，そして玄武岩を起源とする土ではアルミニウム，鉄，チタン，リン，マンガン，バナジウム，クロム，ニッケル，銅，コバルトが，とくに鉄とチタンが有望である。

第10表　風化した岩石から回収されている金属

金属種など	原岩（風化前）	原岩中での存在状態	母岩（風化後）	母岩中での存在状態
アルミニウム	花崗岩類、頁岩など	長石類 $(Na,K,Ca,Ba)Al(Al,Si)Si_2O_8$、雲母類 $K(Mg,Fe)_3AlSi_3O_{10}(OH,F)_2$ などのケイ酸塩鉱物として存在。	ボーキサイト	ギブサイト $Al(OH)_3$、ベーマイト α-$AlO(OH)$、ダイアスポア β-$AlO(OH)$ などの水酸化物混合物として存在。
ニッケル	蛇紋岩などの超塩基性岩	橄欖石 $(Mg,Fe)_2SiO_4$ や蛇紋石 $(Mg,Fe)_3Si_2O_5(OH)_8$ の Mg、Fe の一部を置換して存在。またペントランド鉱 $(Fe,Ni)_9S_8$ などの硫化物としても存在。	ラテライト	珪ニッケル鉱 $(Ni,Mg)_6Si_4O_{10}(OH)_8$（水酸化物、非晶質）として存在。
レアアース	花崗岩類、ペグマタイト、カーボナタイト	モナザイト $(Ce,La,Nd,Th)PO_4$ やゼノタイム YPO_4 などのリン酸塩鉱物として、またバストネサイト $(Ce,La)CO_3F$ などの炭酸塩鉱物として存在。	花崗岩類の風化土壌	イオン相（3価の陽イオン）としてカオリナイトなどの粘土鉱物に吸着して存在。

岩石中での存在状態			
生成環境	結晶質	→	水酸化物・非晶質
生成環境	地下深部においてマグマが固結して（高温で）生成	→	地表において常温で生成
元素間結合の強弱	強固（イオン結合、共有結合）	→	ゆるやか（一般に）
対象金属の分離・回収のしやすさ	困難	→	容易（一般に）

風化前の原岩（花崗岩類など）は、地下深部においてマグマの固結過程で高温で生成する。原岩前の金属元素は、イオン結合や共有結合によって他の元素と強固に結ばれたケイ酸塩鉱物として存在するため、分離・回収が難しい。一方風化は地表において常温で行われる。風化した岩石中の金属元素は、化学結合のゆるやかな水酸化物や非晶質に変身しているため、分離がしやすく回収もしやすい。したがって、岩石や土壌からの金属の回収では、岩石（風化前の原岩）よりも、それが風化しても生成したボーキサイトやラテライトに注目したほうがよい。

3.3 海水からの金属の回収

　海水にはさまざまな成分が溶けている。日本では石油危機後，石油依存から脱却するために電力を火力から原子力にシフトさせた。人形峠（岡山県と鳥取県の県境に位置する）などでウラン資源の探査を加速させるとともに，昭和50（1975）年度からは，海水に溶存する微量のウランを回収しようと香川県仁尾町（現，香川県三豊市仁尾町）にモデルプラントを設置し，回収試験を行った。海水の平均ウラン含有量は 0.0032ppm（KRAUSKOPF, 1979）とごく低いが，世界全体の海水ウランの総量は約 40 億 t に達する。昭和62（1987）年度までの 13 年間に海水から約 13kg のウランの回収に成功した。このプロジェクトは，金属鉱業事業団（現，JOGMEC）が通産省（現，経済産業省）資源エネルギー庁からの委託と補助を受け，大成建設，旭化成工業，徳山曹達，三菱金属など民間企業の協力を得て進められた（金属鉱業事業団，1988）。

　海水にはウランだけでなくアルカリ金属，アルカリ土類属，ハロゲン元素も多量に含まれる。レアアースの濃度も高い。海水からのこれらの成分の回収も期待される。

第6章

鉱物資源の枯渇対策で日本に期待すること

鉱物資源の量ははじめから固定されているものではない。第5章で述べた未開発鉱物資源（深海底や南極）の開発，低品位鉱の資源化，ごくありふれた岩石・土・海水からの金属の回収など「鉱物資源の量を増やす方法」から明らかなように，鉱物資源の量は科学技術の関数であり，科学技術の進歩とともに増大するものである。

人類が存続する限り科学技術は前進する。科学技術が進歩して資源開発のコストが削減でき企業利益に結びつけば，それまで開発できなかったものが開発できるようになり，結果として鉱物資源の量は増え続け無限に近づいていく。

日本はこれからも鉱物資源の大量消費を続けていくのであるから，資源の枯渇を自分の問題として前向きに取り組んでいかなければならない立場にある。枯渇対策で日本に期待したいことは，鉱物資源の量を無限にする技術の開発である。具体的に挙げれば，深海底鉱物資源の開発と土からの鉄の回収である。いずれも日本なら不可能ではない，手の届く取組みである。前者は，開発に向けて着実に前進はしているが，まだ実質的成果を出すに至っていない。後者は，日本ではまだほとんど手付かずである。

1 深海底鉱物資源を開発する

第5章の1で，マンガン団塊などの深海底鉱物資源は，地質時代的過去に生成したものが海洋プレートに乗って移動し，海底に広く存在している可能

性があり，そうであればマンガン，銅，亜鉛，鉛，金，銀，レアメタル，レアアースなどの鉱物資源は無尽蔵になることを述べた。世界の海洋底は鉱物資源で埋め尽くされているというイメージだ。

国連海洋法条約は，公海下の深海底鉱物資源をどこの国や企業にも属さない人類共同の財産と規定しているが，一定の条件を満たせば開発を認める内容になっている。深海底鉱物資源を実際に管理しているのは条約下で設立された国際海底機構 ISA（ISBA ともいう）である。同機構はマンガン団塊，海底熱水鉱床およびコバルトリッチクラストそれぞれの探査規則や開発規則などの策定，探査権申請の審査などを行っている。2000 年にはマンガン団塊の，2010 年には海底熱水鉱床の，そして 2012 年にはコバルトリッチクラストの探査規則を制定し，多くの国が相次いで探査権を申請し取得している（第 11 表）。機構は 2019 年 4 月現在，マンガン団塊の開発規則を策定中である。今後順次海底熱水鉱床やコバルトリッチクラストの開発規則を制定していくものと思われる。

マンガン団塊の開発規則が制定されれば，開発に関心をもつ国は開発権の申請を行うことになる。開発規則がどのような内容になるかはわからないが，開発権の申請が承認されるとただちに開発に入らなければならない規定になる可能性もある。そのような規定になると，開発に強い意欲をもってきた国や企業であっても，その高いリスク（第 5 章の 1.1.5 参照）ゆえに申請には慎重にならざるをえなくなるだろう。

日本は 1970 年代初期から今日までの約 50 年の間，次世代の資源として深海底鉱物資源に注目し，その開発に向けて官民あげて調査研究に取り組んできた。有望海域の選定，探査専用船の開発，採鉱技術・製錬技術の開発などの基礎的な分野は国が巨費を投じて進めてきた。マンガン団塊に限っていえば，探査，採鉱，製錬，開発による海洋環境への影響調査などの技術的な問題はほぼクリアーしている。

日本に期待するのは，ISA の管理下にない，日本または他国（友好国など）の排他的経済水域や大陸棚に存在する深海底鉱物資源[1] の開発である。日本の排他的経済水域や大陸棚においてまたは日本が長年にわたり深海底鉱物資源調査の ODA 技術協力を実施してきた南太平洋諸国の排他的経済水域にお

第6章　鉱物資源の枯渇対策で日本に期待すること　　**73**

第11表　深海底鉱物資源の探査規則等の制定と探査権等の取得国

年月	事項
1987.8	インドのマンガン団塊鉱区承認
1987.12	日本，フランス，旧ソ連のマンガン団塊鉱区登録（4国際コンソーシアムの鉱区も暗に用意される）
1991.3	中国のマンガン団塊鉱区登録
1991.8	IOM（ポーランド，ブルガリア，チェコ，スロバキア，キューバ，ロシア）のマンガン団塊鉱区登録
1994.8	韓国のマンガン団塊鉱区登録
2000.7	マンガン団塊の探査規則制定
2001	IOM，ロシア，韓国，中国，日本，フランス，マンガン団塊の探査権取得（マンガン団塊ベルト）
2002.3	インド，マンガン団塊の探査権取得（中央インド洋海盆）
2006.7	ドイツ，マンガン団塊の探査権取得（マンガン団塊ベルト）
2010.7	海底熱水鉱床の探査規則制定
2011	ナウル，マンガン団塊の探査権取得（マンガン団塊ベルト） 中国，海底熱水鉱床の探査権取得（南西インド洋海嶺）
2012	トンガ，マンガン団塊の探査権取得（マンガン団塊ベルト） ロシア，海底熱水鉱床の探査権取得（大西洋中央海嶺） コバルトリッチクラストの探査規則制定
2013	マンガン団塊の新環境ガイドライン策定 ベルギー，イギリス，マンガン団塊の探査権取得（マンガン団塊ベルト） 日本，コバルトリッチクラストの鉱区登録（南鳥島南東海域）
2014	日本，中国，コバルトリッチクラストの探査権取得（西部太平洋） 韓国，海底熱水鉱床の探査権取得（中央インド洋海嶺） フランス，海底熱水鉱床の探査権取得（大西洋中央海嶺）
2015	ロシア，ブラジル，コバルトリッチクラストの探査権取得（それぞれ太平洋のマゼラン海山群，南大西洋のリオグランデライズ） キリバス，シンガポール，マンガン団塊の探査権取得（マンガン団塊ベルト） ドイツ，海底熱水鉱床の探査権取得（中央インド洋海嶺および南東インド洋海嶺）
2016	イギリス，クック諸島，マンガン団塊の探査権取得（マンガン団塊ベルト） インド，海底熱水鉱床の探査権取得（インド洋海嶺）

1）国連海洋法条約では深海底を「国家の管轄権の範囲を超えた海底（公海下の海底）」と規定しているので，排他的経済水域や大陸棚に存在するものは厳格には深海底鉱物資源とはいえない。排他的経済水域に存在するマンガン団塊やコバルトリッチクラスト，海底熱水鉱床，レアアース泥は沿岸国が国内法で探査や開発ができる。

いて実際に商業的生産を実行するということである。具体的には，現場海域における鉱物資源の採取から，日本の製錬所までの海上輸送，製錬所における地金の生産を経て，消費者への販売までの一連の流れを実行し，商業的生産の実績を残すということである。この事業は，リスクを最小限にする意味で，規模は小さいほうがよいと思われる。南太平洋諸国の海域で行う場合，技術も資金も日本もちの開発輸入（自主開発）の形態にならざるをえないだろう。　日本側企業グループに JOGMEC や DORD のような公的機関がメンバーとして入れば，相手も日本企業も安心できると思われる。

　この事業は日本の将来への投資である。産業に乏しい島嶼国にとっても魅力ある産業に発展する可能性を秘めている。また追随する国や企業が現れれば，結果として日本は，鉱物資源の枯渇対策において世界に貢献することになる。ぜひ他国に先がけて商業的生産を実行してもらいたいものである。

2　土から鉄をつくる

　土からの金属の回収は，地味ではあるが，「宇宙」より夢のある話である。
　あらゆる金属の中で圧倒的に消費量が多いのは鉄である。鉄がなければ何も造れず，現在の便利な生活や科学技術レベルは維持できない。鉄の原料は鉄鉱床から採掘される鉄鉱石で，日本は 100%，オーストラリア，ブラジル，インドなどから縞状鉄鉱層を輸入している。先に述べたように，鉄は，土の主成分であり，鉄鉱床に限らずどこにでも存在する。土から鉄が回収できるようになれば，日本を含めて世界のどの国もが自前で生産できるようになる。

　いきなり土から着手するのではなく，まずはボーキサイトやラテライト中の鉄に注目したい。ボーキサイトやラテライトは「普通の土」より鉄含有量が高いからである。

　ボーキサイトはアルミニウムの原料であるが，50〜60% しかアルミナ（Al_2O_3）を含んでいない。残りの成分は酸化鉄（Fe_2O_3），二酸化チタン（TiO_2），二酸化ケイ素（SiO_2）などである（第 12 表）。ボーキサイトからアルミニウムを精錬するためには，まずボーキサイトからアルミナを抽出する必

第12表 ボーキサイト，赤泥および脱ソーダ赤泥の化学組成

| | ボーキサイト[1] | 赤 泥 * | | | 脱ソーダ赤泥 ** |
	産地不明	ハンガリー[2]	オーストラリア[3]	日軽金苫小牧[4]	日軽金苫小牧[4]
Fe_2O_3	1～25	33～40	34.59	45.7	48.3
Al_2O_3	50～60	15～19	20.68	17.8	18.3
TiO_2	1～15	4～6	5.24	7.0	7.5
SiO_2	1～10	10～15	17.96	11.5	11.9
CaO		3～9	2.37	2.2	1.0
Na_2O		7～11	7.94	6.4	trace

＊ボーキサイトからアルミナを抽出した後の赤泥。赤泥には 15～20% ものアルミナが抽出されずに残っている。またアルミナ抽出に NaOH 溶液を使ったので，Na_2O 含有量が高い。
＊＊赤泥に塩酸溶液を加えてナトリウム分を除去したもの。いずれも乾燥後の重量で，約10% の結合水を含む。
1）地学団体研究会地学事典編集委員会（1988），2）家田（2011），3）江島ほか（1977），4）吉井・石村（1978）。

要がある。ボーキサイトを加圧・加熱下で濃水酸化ナトリウム溶液に浸すと，アルミナがアルミン酸ナトリウムとして溶け出す。酸化鉄，二酸化チタンおよび二酸化ケイ素は不溶性であるため，赤泥として沈殿する。発生する赤泥は多量である。無害のため海洋投棄されているが，普通の岩石から水溶性のアルカリ金属，アルカリ土類金属，ハロゲン元素のほか，難溶性のアルミニウムもが除かれた，いわば鉄に富む泥である。赤泥には 35～45% の酸化鉄が含まれている（第12表）。土から鉄を回収する手始めとして思いつく最も楽な方法は赤泥からの回収である。

　現在日本ではアルミニウムの精錬は行われていないが，かつて日本で盛んにアルミニウム精錬が行われていた頃，赤泥から鉄を回収する研究が行われたことがあった。吉井・石村（1978）の研究では，アルミナ抽出後の赤泥に塩酸を加えて脱ソーダし（ナトリウム分を除去し），脱ソーダ後の赤泥（第12表）を鉄回収の原料とした。原料を黒鉛坩堝の中に入れ高温還元（1,450℃で30分間保持）し銑鉄とスラグを得た。このとき銑鉄とスラグの溶融分離を行うため原料にフラックスとして石灰（CaO）を加えた。結果として，赤泥中の鉄の 90～93% を回収することができた。

　しかし，赤泥からの鉄の回収は「ありふれた土からの鉄の回収」の手始め

としての意義は大きいが，赤泥を生産している国，すなわちアルミニウムの精錬を行っている国でなければ実施できず，世界には，日本を含め，行いえない国が多いという問題がある。

著者が考えたボーキサイトやラテライトから鉄をつくる最もカネがかからず高い技術もいらない方法は，アルミナ抽出前のボーキサイトやラテライトをそのまま鉄の原料として還元炉と電気炉で製鉄を行う方法である。

前処理：ボーキサイトやラテライトに石灰を加えて混ぜた後，団子状に丸めて乾固しペレットをつくる。

製鉄：ペレットを還元炉に装入し，天然ガス（主成分はメタン CH_4，エタン C_2H_6 などの炭化水素）で還元して還元鉄（酸素が抜けて多孔質になっている）を製造する。このときカルシウムやアルミニウム，チタン，ケイ素などを含むスラグも発生する。

製鋼：還元鉄を電気炉に移し，超高温のアーク放電を発生させ，還元鉄を融解し酸素や窒素などの不純物を除去して鋼にする。

ボーキサイトやラテライトからの鉄の回収は，鉄鉱石を原料として鉄を製造する場合と比べて次のような点で有利である。

・ボーキサイトやラテライトは探査の必要がないので探査経費はほとんどかからない。

・ボーキサイトやラテライトは岩質が柔らかくかつ露天掘りなので採鉱経費は安価である。

・ボーキサイトやラテライトは粒子が細かいので鉱石の破壊・磨鉱設備はいらず，選鉱経費はほとんどかからない。

・ボーキサイトやラテライトは硫化物を含まないので焙焼炉は必要ない。

・製鉄と製鋼の方法は MIDREX プロセス（田中, 2014）と呼ばれる還元炉−電気炉法で，現在鉄鋼製造の主流となっている高炉−転炉法のように大規模な設備投資が不要である（還元炉は高炉に比べて規模が小さく，設備投資が大幅に削減できる）。

第6章　鉱物資源の枯渇対策で日本に期待すること　　**77**

　日本に期待するのは，ボーキサイトやラテライトから安価で楽に鉄を回収する技術の開発だけでなく，その技術の世界への，とくに開発途上国への移転である。その理由は次のとおりである。

・ボーキサイトやラテライトはアフリカ，アジア，中南米の高温・多湿の熱帯〜亜熱帯地方に広く分布する。日本でもラテライトは奄美大島以南の島嶼に発達する。そのため鉄の資源量は無限になる。

・開発にカネがかからず，高い技術も必要としないので，開発途上国も取り組むことができる。とりわけ，世界には資源に恵まれず，産業の育ちにくい開発途上国も少なくないが，それらの国にとっては工業化への原動力になる。

・アルミニウムの精錬を行っている国ではアルミニウム精錬所にペレット製造以降のプラントを付帯させればよいので，経費はさらに削減できる。

・日本にとっては，開発途上国へのプラントの輸出が期待できる。

　それにはまず，国内で回収実験を行う必要がある。実験は，鉄鋼メーカーが主体となり，政府，金融機関などの財政的支援を得て進める。国内の製鉄所の敷地を活用し，そこにテストプラントを設置して行うのがよいであろう。原料のボーキサイトは海外（ボーキサイトの生産量が多いインドネシアなど）から輸入して給する。

　成功後に世界への普及活動（技術移転やプラント輸出）に入る。普及にあたっては環境破壊に注意を要する。原料の鉄品位が低いので，一定量の粗鋼を生産するにはそれだけ多くのボーキサイトやラテライトを要するからである。

第4部

環境汚染対策

第7章

環境汚染対策

　鉱業で発生する環境汚染は鉱害といわれる。その発生源にはいろいろあるが，なかでも危険なのは，鉱山の坑道や廃石（以下，ズリという）堆積場などから流れ出る坑廃水，選鉱で発生する尾鉱，製錬で発生する二酸化イオウである。また鉄の製錬で発生する二酸化炭素は地球温暖化の要因と考えられ，いかに排出量を減らすかが差し迫った問題となっている。

　個々の対策を考える前にまず鉱石の特徴を述べておく必要がある。鉱石は一般に金属鉱物と非金属鉱物から構成されている。鉱石がどのような金属鉱物と非金属鉱物から構成されるかは地質や鉱床のでき方などによって異なる。普通非金属鉱物のほうが数的にも量的にも多い。金属鉱物も1つの鉱石に1種類だけでなく何種類も含まれる。例えば黒鉱鉱床の鉱石には銅，鉛，亜鉛，金，銀，鉄，ヒ素，アンチモンなどの金属鉱物が10種類以上も含まれる（第13表）。金属鉱物の比較的少ない金銀鉱石でも金，銀，鉄，ヒ素などの鉱物のほか銅，鉛，亜鉛，テルル，セレンなどの鉱物が含まれることがある。しかし鉱石中のすべての金属鉱物が有用とは限らない。黒鉱で回収対象となる金属は普通，銅，鉛，亜鉛，金，銀であり，金銀鉱石で回収対象となる金属は普通，金，銀，銅，テルル，セレンなどである。これら以外の金属鉱物，例えば鉄やアンチモン，ヒ素の鉱物は普通回収対象外で，選鉱の工程で非金属鉱物とともに尾鉱となって廃棄される。

　鉱石のもう1つの特徴は，非金属成分は普通，ケイ酸塩鉱物や炭酸塩鉱物，硫酸塩鉱物をなすのに対して，金属成分は硫化物や酸化物をなすことが多いということである。

第 13 表　鉱石に含まれるおもな金属鉱物（例）

鉱石名	おもな金属鉱物	鉱物名	一般化学式
鉄鉱石	鉄鉱物	●磁鉄鉱	Fe_3O_4
		●赤鉄鉱	Fe_2O_3
		黄鉄鉱	FeS_2
	銅鉱物	黄銅鉱	$CuFeS_2$
	チタン鉱物	チタン鉄鉱	$FeTiO_3$
黒 鉱	銅鉱物	●黄銅鉱	$CuFeS_2$
	鉛鉱物	●方鉛鉱	PbS
	亜鉛鉱物	●閃亜鉛鉱	ZnS
	金銀鉱物	●エレクトラム	(Au,Ag)
	鉄鉱物	黄鉄鉱	FeS_2
	ヒ素鉱物	四面銅鉱	$(Cu,Fe)_{12}(Sb,As)_4S_{13}$
		硫砒鉄鉱	$FeAsS$
金銀鉱石	金鉱物	●自然金	Au
	金銀鉱物	●エレクトラム	(Au,Ag)
	鉄鉱物	黄鉄鉱	FeS_2
		褐鉄鉱	$Fe_2O_3・nH_2O$
	ヒ素鉱物	硫砒銅鉱	Cu_3AsS_4
		ルソン銅鉱	Cu_3AsS_4
		スコロダイト	$FeAsO_4・2H_2O$

●印の鉱物は回収対象の有用鉱物。●印のない鉱物は一般に回収対象外の非有用鉱物で，おもに選鉱工程で廃棄される。

1　坑廃水対策

　日本では昭和 24（1949）年に，鉱山労働者の安全確保と鉱害防止を目的として鉱山保安法（最終改正：平成 26（2014）年 6 月 13 日）が制定されたが，この法律に坑水と廃水に関する明確な定義はない。ここでは鉱山の坑道やズリ堆積場などから流れ出る水を一括して坑廃水と呼ぶことにする。坑廃水は，もともとは山肌やズリ堆積場からしみ込んだ雨水や地下水であり，その中には，鉱床やズリの中に存在する金属鉱物の風化分解により生じた重金属や硫酸イオン（$SO_4{}^{2-}$）を溶かし込んでいる。これを未処理で河川や海に排出する

と，深刻な鉱害に発展する恐れがある。

　鉱山保安法施行規則（最終改正：平成28（2016）年8月1日）で鉱害防止の方法（処理法）を具体的に定めている。集積を終了したズリ堆積場については覆土または植栽の実施（第11条），鉱山の坑道から流れ出る坑廃水に対しては坑口の閉塞（第19条），ズリ堆積場からにじみ出る坑廃水に対しては坑廃水処理施設の設置（同条）などである。また河川や海に排出する坑廃水は水質汚濁防止法（最終改正：平成28（2016）年5月20日）に定める排水基準に適合しなければならないとしている。

　現在では，坑廃水を1カ所に集中させ，溶け込んだ重金属や硫酸イオンを除去し排水基準に適合した水にしてから河川や海に排出する方法を採っている。最も広く採用されているのは中和処理法である。坑廃水に消石灰や石灰石を加えて坑廃水のpHを急上昇させ，中和殿物（石膏コロイド）を生成させるとともに，溶けている重金属を中和殿物に吸着させ除去する方法（次式，石灰－石膏法）である。

$$\underline{SO_4^{2-} + 2H^+} + Ca(OH)_2 \rightarrow CaSO_4 + 2H_2O$$

　　　　坑廃水　　　　　消石灰　　　中和殿物

日本で開発された，バクテリアを使って重金属を除去する鉄バクテリア酸化炭酸カルシウム中和方式という処理方法もあるが，ここでは紹介を省く。

　坑廃水は閉山後もほぼ永久に発生するので厄介である。日本では金属鉱業等鉱害対策特別措置法（最終改正：平成26（2014）年6月13日）で，閉山後の鉱害発生を防止するため，鉱山会社に対し，指定した額の鉱害防止積立金の積立ておよび鉱害防止事業基金への拠出を義務づけている。閉山後に設置された錫山鉱山（鹿児島県）の坑廃水処理施設[1]でも石灰－石膏法を採用している。

1）事前に許可を得れば，坑口から出てきた廃水が清水となって河川に放出されるまでの全工程を見学することができる。

2　選鉱で発生する尾鉱対策

　選鉱工程で発生する尾鉱の量は精鉱の量よりはるかに多い。例えば，今日の銅鉱山では，採掘された銅鉱石の 95% 以上が尾鉱として廃棄される。掘ったものは選鉱の段階で不要なものとしてほとんどが捨てられるのである。尾鉱は大部分が非金属鉱物からなるが，金属鉱物も多かれ少なかれ含まれる。尾鉱中の金属鉱物には 2 種類がある。はじめから回収するつもりのない非有用な金属鉱物（回収対象外の金属鉱物）と，有用な鉱物であるが技術的にまたは物理的に回収できない金属鉱物（例えば，非金属鉱物中に包有される微細な金属鉱物など）である。

　尾鉱中に混じった金属鉱物は風化分解に時間がかかることから，廃棄前に重金属イオンや硫酸イオンとして除去することはできない。尾鉱ダムから流れ出る廃水を石灰－石膏法などで浄化する方法を採用しているものと思われる。根本的な対策は選鉱の段階で金属鉱物を完全に分離・除去し，尾鉱に金属鉱物が残らないようにすることであるが，それは原理的にもコスト的にもほとんど不可能である。

3　非鉄金属の製錬で発生する二酸化イオウ対策

　この章のはじめに，金属鉱物には硫化物が多いことを述べた。この硫化物からイオウを取り除いて金属にするのが製錬で，一般にイオウは炉の中で焙焼させて二酸化イオウとして取り除く。原料が硫化物であるから発生する二酸化イオウの量は相当なものである。濃度も高い。二酸化イオウは雨（水）に溶けやすく，溶けて硫酸になる。硫酸を含む雨が降ると，樹木や農作物は枯れ死する。山は保水力を失い，豪雨時には洪水・山崩れが発生し，社会インフラが寸断され，家屋が崩壊する。また土壌は酸性化する。

　昔はたいした処理もしないで二酸化イオウを大気中に廃棄していたので，酸性雨や硫酸ミストなどの大気汚染による被害が日本各地の非鉄金属製錬所

第7章　環境汚染対策　　85

で発生した。現在では，鉱山保安法施行規則第20条に従い，二酸化イオウ
を大気中に放出する前に除去する（固定化する）方法が採られている。炉の中
で発生した二酸化イオウを水に溶かして硫酸を製造したり，消石灰と反応さ
せて石膏を製造する排煙脱硫法である（次式）。

$$Ca(OH)_2 \ + \ SO_2 \ \rightarrow \quad CaSO_3 \ + \ H_2O$$
　　消石灰　　二酸化イオウ　亜硫酸カルシウム

$$CaSO_3 \ + \ 1/2O_2 \ + \ 2H_2O \ \rightarrow \ CaSO_4 \cdot 2H_2O$$
　亜硫酸カルシウム　　　　　　　　　　　　石膏

　今日の日本の技術では，発生する二酸化イオウの95％以上を除去すること
ができ，非鉄金属製錬で発生する二酸化イオウの問題は解消している。製造
される硫酸と石膏はそれぞれ工業用硫酸，住宅内装用石膏ボードとして広く
使用されている。

4　鉄の製錬で発生する二酸化炭素対策

　鉄の原料は磁鉄鉱（Fe_3O_4）や赤鉄鉱（Fe_2O_3）などの酸化物である（第13
表）。これらの酸化物から酸素を取り除いて（酸化物を還元して）金属の鉄に
するのが製鉄である。今日の製鉄では，鉄の酸化物を高炉の中でコークス
（C）とともに燃焼させ，発生する一酸化炭素に酸素を奪い取らせて鉄にして
いる。このとき多量の二酸化炭素が発生する（次式）。還元剤としてコークス
を使う限り，二酸化炭素の発生は避けられない。

$$4C \ + \ 2O_2 \ \rightarrow \quad 4CO$$
　コークス　　　　　　一酸化炭素（還元ガス）

$$Fe_3O_4 \ + \ 4CO \ \rightarrow \ 4CO_2 \ + \ 3Fe$$
　磁鉄鉱　　　　　　二酸化炭素　　銑鉄

$$Fe_3O_4 \ + \ 4C \ + \ 2O_2 \ \rightarrow \ 4CO_2 \ + \ 3Fe$$
　磁鉄鉱　　コークス　　酸素　　二酸化炭素　　銑鉄

二酸化炭素は，水に溶けにくく，モノとも反応しにくいため，二酸化イオ

86 　第４部　環境汚染対策

ウのように大気中に放出する前に固定化する方法はまだ確立していない。し
たがって現在では大気中に放出するしか方法がないのである。

4.1　二酸化炭素の発生量を削減する方法

　ここでは，磁鉄鉱などの酸化物から酸素を取り除く手段として炭素（コー
クスや石炭）のかわりに炭化水素を使って二酸化炭素の発生量を減らす方法
を２つ紹介する。

4.1.1　「廃プラスチックの高炉原料化」法

　これは今日日本の鉄鋼業界で広く採用されている方法である。従来は，高
炉下部の羽口（熱風管）から炉内へ，約 1,300℃の熱風とともに，炉内の反応
を促進するための補助燃料として微粉化した石炭（微粉炭）を吹き込んでき
た。「廃プラスチックの高炉原料化」法は，この微粉炭のかわりに使用済みプ
ラスチック（例えば，ポリエチレン C_2H_4）を使用する方法である。マーケット
などの店頭で，使用済みプラスチック容器の回収ボックスを目にした人もい
るだろう。店頭で回収したプラスチック容器を１カ所に集め，そこで容器を
破砕し所定の粒状・粒径に整形した後，これを羽口から炉内に吹き込むと，
プラスチックは分解して還元ガスとなり，このガスが炉内を上昇する間に磁
鉄鉱や赤鉄鉱から酸素を奪い取る（次式）というものである。

$$C_2H_4 \ + \ O_2 \ \rightarrow \ \underline{2CO \ + \ 2H_2}$$
ポリエチレン　　　　　　　　還元ガス

$$Fe_3O_4 \ + \ \underline{2CO \ + \ 2H_2} \ \rightarrow \ 2CO_2 \ + \ 2H_2O \ + \ 3Fe$$
磁鉄鉱　　　　還元ガス　　　　　二酸化炭素　　　水　　　　銑鉄

$$Fe_3O_4 \ + \ C_2H_4 \ + \ O_2 \ \rightarrow \ 2CO_2 \ + \ 2H_2O \ + \ 3Fe$$
磁鉄鉱　　ポリエチレン　　　　　二酸化炭素　　　水　　　　銑鉄

プラスチックを使用すると，2CO による還元に加えて $2H_2$ による還元が
付加されるため，微粉炭を使用する場合と比べて二酸化炭素の発生量を約
30% 低減させることができる。

4.1.2　直接還元製鉄法

これは，第6章の2で述べた MIDREX プロセス（田中, 2014）と呼ばれる還元炉－電気炉法で，鉄鉱石を還元炉に入れて，天然ガスなどを用いて鉄鉱石の酸素を 90% 以上除去し，海綿鉄（酸素が抜けて多孔質になった還元鉄）と呼ばれる中間素材をつくり（次式），残りの酸素や不純物を電気炉で精製して鋼にする方法である。還元炉では，還元剤として天然ガスを使うことによって，コークスを使う場合と比べて二酸化炭素の発生量をおおよそ 30〜40%（H_2O が発生した分）削減でき，電気炉では，雷のような超高温のアーク放電を発生させ，その放電熱で海綿鉄を融解し酸素や窒素などの不純物を取り除くので，二酸化炭素は発生しない。

$$4CH_4 \ + \ 2O_2 \ \rightarrow \ \underline{4CO \ + \ 8H_2}$$

メタン　　　　　　　　　還元ガス

$$3Fe_3O_4 \ + \ \underline{4CO \ + \ 8H_2} \ \rightarrow \ 4CO_2 \ + \ 8H_2O \ + \ 9Fe$$

磁鉄鉱　　　　還元ガス　　　　二酸化炭素　　水　　　海綿鉄

$$3Fe_3O_4 \ + \ 4CH_4 \ + \ 2O_2 \ \rightarrow \ 4CO_2 \ + \ 8H_2O \ + \ 9Fe$$

磁鉄鉱　　　メタン　　　　　　　二酸化炭素　　水　　　海綿鉄

4.2　二酸化炭素を発生させない方法

二酸化炭素を発生させない方法として真っ先に思いつくのは鉄スクラップの再利用である。鉄スクラップはすでに金属の鉄（鋼）になっているので，その再生では二酸化炭素はほとんど発生しない。そればかりか，原料の鉄鉱石や還元剤の石炭を必要としないので，通常経なければならない鉱山開発から製錬までのすべての工程が省かれ，次のような鉄鉱山や石炭鉱山の開発による自然破壊や選鉱・製錬による環境汚染の発生を避けることができる。スクラップの再利用は自然にやさしいといわれるゆえんである。鉄スクラップの製錬は高炉でなく電気炉で行われるので，コスト面でも優れている。

・採掘による自然破壊

・坑廃水中の重金属による水質汚染，土壌汚染，海洋汚染など

・尾鉱ダムの決壊
・鉄鉱石や石炭中の硫化物から発生する二酸化イオウによる大気汚染
・鉄鉱石の製錬で発生する煤煙や二酸化炭素による大気汚染や地球温暖化

　二酸化炭素を発生させない方法として，鉄スクラップの再利用のほか，鉄の原料を磁鉄鉱や赤鉄鉱などの酸化物から黄鉄鉱（FeS_2）や磁硫鉄鉱（$Fe_{1-x}S$）などの硫化物に替える方法も考えられる。これについては第8章の2で述べる。

第8章

環境汚染対策で日本に期待すること

1　環境 ODA を日本企業の海外投資プログラムの中に組み込む

　われわれの今日の便利で豊かな生活は，開発途上国で生産された資源のうえに成り立っている。今後もそうである。われわれはこのことを強く認識し，開発途上国の環境汚染問題を自分のこととしてとらえ，その解決に前向きに取り組んでいく必要がある。本節では，開発途上国の環境汚染問題を解決する，日本と開発途上国の双方に有益な方法を提案したい。

1.1　開発途上国の環境汚染の背景

1.1.1　資金不足

　開発途上国の中には，非鉄金属の製錬で発生する二酸化イオウ対策として日本と同じ排煙脱硫法を使っても，設備の老朽化や製錬技術者の低熟練度などが原因で二酸化イオウ発生量の 50〜60% しか除去できない製錬所もある。資源探査や生産拡大など利益に結びつく活動が優先であり，直接的利益を産まない設備の更新や技術者の育成までは手が回らないというのが実情である。

1.1.2　低い環境認識

　鉱物資源開発で発生する環境破壊や水質汚染などの鉱害は資金不足だけが原因ではない。第 4 章の 2.1 で，著者が開発途上国で目撃した鉱害の例をいくつか紹介したが，現場の技術者のみならず幹部も含め会社全体の環境認識は相当に低いといわざるをえない。社員の環境認識を高める教育や，環境

監視体制の整備，設備の点検・修繕などを行うだけでも，あまりカネをかけずに，環境汚染は減らすことができると思われる。

1.1.3　実体のない環境基準

　著者が知る限り，どの国にも環境基準というものがある。開発途上国の環境基準は先進国と比べて緩いと思っている人が多いのではないだろうか。ところが，多くの開発途上国の環境基準は，先進国のそれと比べてみれば明らかなように，数値上は決して緩くないのである。むしろ，より厳しいのである。環境基準の存在が末端まで届いていないのか，罰則規定が甘いのか，また外国に対するミエなのかはわからないが，生産現場をみるとその実態は法的基準値と大きくかけ離れている。

　日本では近年「資源マネージメント」が重要視されている。資源マネージメントとは，資源開発から人間による消費・リサイクリングを経て廃棄までの資源循環システムの全般を管理し，環境と調和した社会づくりをすることである。資源開発から廃棄までの間には技術的な問題のみならず環境政策，法規・条約，国際貿易，国際協力など多様な政治的・経済的問題が介在する。このように複雑な資源循環システムをマネージメントできる専門家を養成することは先進国でも容易でない。開発途上国に行ってほしい環境汚染対策は，役人や技術者はもちろん市民をも巻き込んで，開発から廃棄までの資源の一生のうち上流分野（資源開発分野）をマネージメントする社会システムを構築することである。

1.2　中途半端な日本の環境汚染対策技術協力（ODA）

　日本では国際協力事業団（現，JICA）が中国やチリ，ボリビア，ブラジルなど多くの国において鉱害防止の技術協力を実施してきた。例として，中国の徳興銅鉱山鉱廃水処理計画調査プロジェクト（1993〜95年）とこれに続く同計画詳細設計調査プロジェクト（96〜98年）の実施背景や協力内容を簡単に紹介する。

第8章 環境汚染対策で日本に期待すること　　91

　徳興鉱山は，江西省徳興県にある中国最大の露天掘り銅鉱山である。露天掘りや廃石堆積場から発生する酸性廃水と選鉱で発生するアルカリ廃水が処理不十分なまま，あるいは未処理のまま鉱区の中心を流れる川に放出され，川は濁流となっていた。鉱山周辺の水質汚染と土壌汚染が拡大し，農作物に甚大な被害をもたらしただけでなく，住民の健康にも深刻な影響を与えた。川は生物が生息できない環境となり，下流にある同国最大の淡水湖である都陽湖への影響が顕在化しつつあった。

　同鉱山では鉱害防止に対する技術の蓄積が少ないことから，中国政府は徳興鉱山廃水処理対策に関する技術協力を日本政府に要請した。この技術協力では，廃水処理や周辺環境などの現地調査を行い，調査結果を基に廃水処理基本計画の作成，新規および既設の廃水処理施設の設計，経済性の検討などを行い，適切な廃水の処理方法を提案した（国際協力事業団，1995）。これに続く同計画詳細設計調査プロジェクトでは提案した処理方法について，実証実験，処理施設の設計，提言などを行った。

　開発途上国人員の環境認識や環境汚染対策技術のレベルを高めるには確かにODAによる技術協力が適切である。日本人の環境専門家を相手国機関に派遣して，また相手国の技術者や責任者を研修員として日本の関係機関が受け入れて，具体的に環境汚染対策技術の指導を行うとともに，日本がかつて経験した鉱害の実態や悲惨さ，それを克服した取組みなどを教えるのである。ODAによる技術協力は無償で行われる。資金不足で後手に回りがちな環境対策を学ぶ機会を彼らに無償で提供する意義は大きい。

　しかし，相手国の立場に立てば，日本の技術協力には問題点もある。概して継続性や規模，設定目標などが中途半端だという点である。上で紹介した徳興鉱山のプロジェクトで明らかなように，プロジェクトは提案や提言で終わっており，それをやるかやらないかは相手任せである。処理施設の設計まで行っていながらその建設までは行われていない。中途半端と感じる原因はそこにある。徳興鉱山の案件に限らず，提案や提言で終わっているプロジェクトは多い。

　ODAによる技術協力において「何をどこまで行うか」はプロジェクト実施前に行われる日本－相手国間事前協議において決められるので，「処理施設

の建設」はこの事前協議の合意書に含まれていなかったことは確かである。まだ始まってもいないプロジェクトで，どのような結末になるかもわからない段階で，合意書に「処理施設の建設」まで含めることはできなかったのかもしれないし，日本側の制度上「施設の建設」は無償では行いえないのかもしれない。また相手国の事情により除いたと考えることもできる。いずれにせよ，部外者からみれば，何とも中途半端な終わり方なのである。

1.3　EPA の「投資」における環境

日本とインド，インドネシアおよびチリとの間の EPA には，「投資」の章に「環境に関する措置」として次の条項がある。「一方の締約国は，環境に関する措置の緩和を通じて他方の締約国の投資家による投資を奨励することが適当でないことを認める。各締約国は，自国の区域内における投資財産の設立，取得又は拡張を奨励する手段として環境に関する措置の適用の免除その他の逸脱措置を行うべきではない。」

この条項は，歯切れの悪いあいまいな表現になっているが，環境に関する「措置の緩和」や「措置の適用の免除」を禁止はしていない。裏を返せば，「外国企業の投資を呼び込むために，また投資した外国企業に自国内での活動を拡大してもらうために，これまでは外国企業に環境面で甘くしていた（これからも甘くしていく）。」と読み取れる。

日本－インドネシア間 EPA の「第 8 章 エネルギー及び鉱物資源」には，「環境上の側面」に「知的財産権の十分かつ効果的な保護に適合した環境技術の移転を奨励する。」という条文が，また「協力」には「両締約国は，インドネシアのエネルギー・鉱物資源分野において協力する。」「協力の範囲には，政策立案，能力開発，技術移転を含める。」という条文がある。後者の「協力」条項にわざわざ「インドネシアのエネルギー・鉱物資源分野」とインドネシアのみの国名が記されている。ここには，インドネシアに対し JICA や JOGMEC を通じた ODA による環境分野の技術移転をしてもよい，という日本側の意図が込められているように感じる。

以上のように，鉱物資源に恵まれた開発途上国はエネルギー・鉱物資源分

第8章　環境汚染対策で日本に期待すること　　**93**

野への日本の投資を期待しており，一方日本は環境分野においてこれらの国に貢献したいという思いをもっている。

1.4　双方が望む方法

　そこで，双方が満足できる方法として，日本の環境 ODA を日本企業の海外投資プログラムの中に組み込み，このプログラムを通じて開発途上国の鉱害防止技術レベルを日本並みに近づけるという方法を提案したい。例えば，日本企業が海外へ進出するとき，相手国企業の社員に対する環境教育はODA が受け持ち，社員の鉱害防止技術レベルを日本人社員並みに近づけるという方法である。日本企業の投資を期待する相手国政府にとっても，環境分野で貢献したい日本政府にとってもよいことである。相手国企業にとっては，日本政府の技術協力や有償資金協力などが期待できるので，例えば，資金不足で行いえなかった技術者の育成や社員に対する環境教育はもとより，中途半端でない廃水処理施設の建設なども行うことがきる。一方日本企業にとっては，相手国企業に対して日本政府の後押しを条件として提示することができるので，投資が有利に働く可能性がある。日本の ODA には，特定の日本企業の利益に偏らないという方針があるかもしれないが，どうせやるのであれば日本企業の海外投資を後押しするつもりでやったほうがよいと思うのである。

　第 10 章の 3 で述べるが，日本の製錬業は海外に出て行くしか生きる道はない。現在の鉱山業と同じような途をたどることになるだろう。日本の鉱山会社や製錬会社の海外投資プログラムの中に環境 ODA を組み込む絶好の機会である。

2　鉄の製錬で二酸化炭素を発生させない

　人類は古代から続いた鉄の製法から抜け出せずにいる。たたら製鉄の時代から今日まで鉄づくりの原理は変わっていない。たたら製鉄の時代には砂鉄

（磁鉄鉱 Fe_3O_4）から酸素を奪うために還元剤として薪や木炭（炭素 C）を使い，今は鉄鉱石（磁鉄鉱 Fe_3O_4）からおもにコークスを使って酸素を奪っている。酸素を奪う還元剤として木炭やコークスを使えば確実に二酸化炭素が発生する。二酸化炭素を発生させない新しい方法が開発されれば鉄鋼史を変える世紀の大改革となるであろう。

では，二酸化炭素を発生させない製鉄法は考えられないであろうか。

第7章の4.2で，鉄鋼業界が二酸化炭素の発生量を削減するために取り組んできた「廃プラスチックの高炉原料化」法や直接還元製鉄法を紹介した。コークスのかわりに廃プラスチックや天然ガスを使い，二酸化炭素の発生量を減らすという方法である。しかし廃プラスチックにしても天然ガスにしても主成分は炭素であるから二酸化炭素の発生は避けられない。これまではコークスなどの還元剤のほうに目が向けられてきたが，もう一方の鉄の原料のほうに注目してはどうであろうか。鉄の原料を従来の酸化物から硫化物にかえる方法，いわば，「鉄硫化物原料化」法である。

天然には黄鉄鉱や磁硫鉄鉱が多量にかつ広く存在しているが，ほとんどが役に立たない邪魔者として廃棄されてきた。これら鉄の硫化物は，尾鉱中にごく普通に含まれ，容易に風化分解して褐鉄鉱や硫酸イオンと化し，廃水汚濁のおもな発生源とみなされてきた。これらの硫化物を鉄の原料として利用すれば，二酸化炭素はまったく発生しないばかりか，資源の有効利用にもなる。製錬で多量の二酸化イオウが発生するが，それは排煙脱硫法で回収され，硫酸や石膏の製造に利用される。

「鉄硫化物原料化」法の例としてオートクンプ式自溶炉を使う場合を考えてみる（第14図）。これは，選鉱後の黄鉄鉱精鉱を石灰とともにバーナーで炉内に吹き込んで融体の鉄を製造した後，転炉または電気炉に移して不純物を除去し，鋼にする方法である。同自溶炉のリアクション・シャフト内で起こる化学反応は，黄鉄鉱を原料とした場合，次のとおりである。

$$\underline{FeS_2 \;+\; Al_2O_3 \cdot SiO_2} \;+\; CaO \;+\; 2O_2$$

　　黄鉄鉱精鉱　　　　　　　　　　石灰　　　酸素

$$\rightarrow \quad Fe_\downarrow \;+\; CaO \cdot Al_2O_3 \cdot SiO_{2\downarrow} \;+\; 2SO_2{}^\uparrow$$

　　　溶けた鉄　　　　　スラグ　　　　　　二酸化イオウ

第14図 オートクンプ式自溶炉を使った場合の黄鉄鉱の製鉄

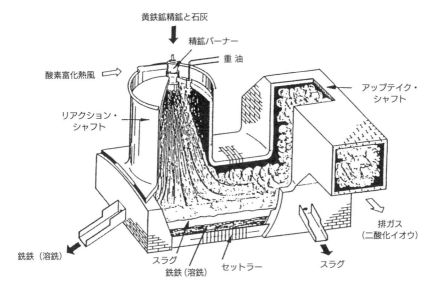

　ここで「$Al_2O_3・SiO_2$」は黄鉄鉱精鉱中の非有用ケイ酸塩鉱物,「石灰」はフラックス,「酸素」は1,200℃程度に加熱した酸素富化熱風である。溶けた鉄とスラグは炉底のセットラーに溜まり,二酸化イオウは炉外に排出され回収される。このオートクンプ式自溶炉を使う製鉄法は,銅の製錬法と似ており,鉄鋼業界だけでなく,非鉄金属製錬業界でも取り組むことができる。

　「鉄硫化物原料化」法の最大の困難は技術よりむしろ原料の長期的安定的確保にある。黄鉄鉱や磁硫鉄鉱は天然に多量にかつ広く存在するとはいえ,今日おもな鉄の原料として使われている縞状鉄鉱層などと比べると一般にまとまりに欠けており,複数の鉱山からかき集めたり,輸入しなければならないという事態が発生しないとも限らない。したがって「鉄硫化物原料化」法の製錬能力は,原料の安定確保の観点から,現在の高炉－転炉型製鉄所などと比べて小さくならざるをえない。このことは反面,諸設備の建設費や維持費が削減できるという意味において,開発途上国での普及につながるかもしれないという期待がもてる。外国で自主開発を行っている日本の鉱山会社にはぜひ自らが採掘した鉄硫化物を原料にして「鉄硫化物原料化」法による鉄

づくりを試行してほしいものである。前項で述べた環境 ODA との組合せな
らなお望ましい。

第5部

鉱物資源に係る利害対立の対策

第9章

鉱物資源に係る利害対立の対策

第4章の3で鉱物資源に係る四大利害対立について述べた。本章で対象とするのはそれらのうち「第1次利害対立―南北対立」である。その理由は，この対立がその他の対立の原点になっているからである。

南北対立の解決法を見出すにはこの対立が発生した背景をおさらいしておいたほうがよいであろう。欧米の先進国は第2次世界大戦頃までアジア・アフリカの植民地で鉱物資源の探査・開発を行い，生産した鉱物資源を本国に送り，人々の生活を豊かにした。同大戦後植民地は次々独立した。旧植民地であった開発途上国は経済的自立をめざし，鉱物資源は国家の財産だとして先進国（旧宗主国）との間でその分捕り合戦を展開した。資源を先進国から奪い返した開発途上国は，不安定なモノカルチュア的経済から脱するために，もてる資源をテコに工業化を進めようとした。資源の加工度を高めて付加価値をつけ，輸出収入の増大を図ろうと，先進国に加工技術の移転や資機材導入のための資金の提供を要求し，また自分たちの生産品が売れるよう市場の拡大（例えば，開発途上国産品に対する関税上の優遇）を迫った。

開発途上の鉱産国が思い描いた成長への道筋は大筋以上のとおりで，今も当時と大きくは変わっていない。南北対立は独立して間もない開発途上国の経済的自立への闘いだったのである。

1 開発途上国の経済的自立のために日本が行ってきた取組みの概要

日本は，1950年代中頃から開発途上国の経済的自立を後押ししてきた。世

界銀行 IBRD や国際開発協会 IDA，アジア開発銀行 ADB などの国際開発金融機関を通じて，また OECD の DAC のメンバーとして，インフラ整備や技術移転など開発途上国の経済発展の基盤づくりに貢献してきた。一方国内においては，開発途上国援助の専門機関海外技術協力事業団（1962 年設立。現在の JICA の前身）を設置し，92 年に ODA 大綱（2003 年に新 ODA 大綱に改定）を策定し，貧困や感染症，基礎教育など開発途上国の多様なニーズに主体的に応えてきた。

　冷戦の終結で欧米諸国のアフリカへの関心が低下した 1990 年代，日本はアフリカの開発をテーマとするアフリカ開発会議 TICAD を開催し，国際社会の関心をアフリカに呼び戻すきっかけをつくった。「Tokyo」を冠した日本主導の国際会議である。第 1 回会議を 93 年 10 月に開催し，5 年ごとに開催している。日本は TICAD において，「人間中心の開発」，「経済成長を通じた貧困削減」および「平和の定着」を 3 本柱とする対アフリカ支援を表明し，積極的に支援を行っている。

　また，開発途上国産品の市場アクセス拡大要求に対しては，特恵関税供与措置の導入や EPA の締結などを通じて応えてきた。

2　鉱物資源に関連する日本の ODA 事業

2.1　資源開発協力基礎調査・レアメタル総合開発調査など

　鉱物資源の探査は多額の資金と高い技術力を要し，開発途上国が独力で行うことは難しい。そのため世界には鉱物資源に恵まれながらその開発が十分に行われていない開発途上国が多い。そのような国からの要請に応えて無償で行われる事業が資源開発協力基礎調査やレアメタル総合開発調査である。

　日本は，1970 年におけるインドネシアでの実施を皮切りに，以来今日まで 45 年以上もの間，アジアや中南米，アフリカなど世界 42 カ国のおよそ 160 もの地域（2000 年までの実績）で実施してきた。多いときには 1 年に 20 に近い地域で実施した。同調査では，衛星画像解析をはじめ地質探査，地球化学

第9章 鉱物資源に係る利害対立の対策　101

第14表　日本が実施した資源開発協力基礎調査・レアメタル総合開発調査の成果

1　開発されたおもな鉱山

鉱山名	国名	主な金属	埋蔵鉱量（千t）	品位（%）	特記事項
モニワ	ミャンマー	銅	94,000	0.84	1982年生産開始
安慶	中国	銅	31,000	1.32	1991年生産開始
エザン	トルコ	クロム	-	35	生産量200千t/年, 世界第5位
サンビセンテ	ボリビア	亜鉛・銀	-	-	亜鉛生産量3千t/年
イスカイクルス	ペルー	鉛・亜鉛	3,300	鉛3, 亜鉛18	亜鉛生産量40千t/年, 鉛生産量10千t/年
チンタヤ	ペルー	銅	130,000	2	1994年, 米国鉱山会社2.2億ドル落札
ティサパ	メキシコ	鉛・亜鉛	4,100	鉛1.6, 亜鉛7.9	1994年, 日本・メキシコ合弁企業生産開始

2　開発検討中などのおもな鉱山

地域名（プロジェクト名）	国名	主な金属	埋蔵鉱量（千t）	品位（%）（金銀はg/t）	特記事項
南部スール	オマーン	マンガン	500	29	オマーン側で開発検討中
北部	アルゼンチン	銅・金・銀	-	銅2.3, 金2.6	カビジータス鉱床の開発準備中
アルトデラブレンダ	アルゼンチン	金・銀	1,100	金6.4, 銀126	ファラジョンネグロ鉱山付近地域の開発準備中
ビエドランチャ	コロンビア	銅・金・銀	-	金5.8, 銀30	ディアマンテ鉱床の開発検討中
ミチキジャイ	ペルー	銅	55,000	0.69	日本企業とミネロペルー社が探鉱（現在休止）
シルバ	ニジェール	金	-	1.95	海外企業等が試掘権を申請中

金属鉱業事業団（現, JOGMEC）による。

　探査，物理探査，試錐探鉱，埋蔵量計算，選鉱試験，開発計画など鉱物資源開発の前段階のあらゆる基礎的な調査・試験・評価が行われる。これらの作業は相手国技術者と共同で実施され，人材養成の役割をも担っている。

　同調査のこれまでの成果を第14表に示した。近年の成功例としては，同調査で鉱床が発見され，日本の企業が開発しているメキシコのティサパ鉛・亜鉛鉱山がある。これらの成果は，相手国の経済開発に貢献するばかりでなく，日本への鉱物資源の安定した供給源としても貢献している。

2.2 深海底鉱物資源調査

　南太平洋海域には数多くの島嶼国が存在し，それらを囲んで各国の排他的経済水域や大陸棚が広く分布する。この海域はマンガン団塊をはじめ，コバルトリッチクラストや海底熱水鉱床の有望海域とみられている。日本政府は，南太平洋応用地球科学委員会 SOPAC からの要請に基づき，南太平洋の開発途上国 12 カ国（1985 年当時）の排他的経済水域において，85 年度から 2005 年度までの 21 年間，深海底鉱物資源探査専用船第 2 白嶺丸を用いて深海底鉱物資源の賦存状況調査を行った（岡本, 2006; 石油天然ガス・金属鉱物資源機構, 2007）。海底地形図の作成や鉱物資源の産状の解析，鉱物資源の採取法の試験，採取した試料の化学分析，資源量見積りなどを実施した。調査した海域（第 15 図）や成果など詳しくは岡本（2006）を参照されたい。この調査は ODA の一環として行われ，この海域の鉱物資源に関する情報の取得だけでなく，人材育成など多方面で大きな成果をあげた。ナウル，トンガ，キリバスおよびクック諸島は 2011 年以降相次いでマンガン団塊ベルトにマンガン団塊の探査権を取得している（第 11 表）が，これらの国の深海底鉱物資源に対する関心の高まりは日本の ODA の大きな成果である。

　この調査は海洋鉱物資源調査に関する世界でも類をみない長期にわたる公的技術協力で，先にも述べたが産業に乏しい島嶼国にとって将来確実にためになる理想的な協力といえる。

2.3 専門家派遣事業など

　鉱物資源の探査，鉱害防止対策，鉱床学研究など多くの鉱物資源分野でJICA が技術協力を実施してきている。日本人の専門家を派遣したり，研修員を受け入れたり，機材を供与したりしている。ここでは著者が携わった中国の鉱物資源探査研究センタープロジェクトについて簡単に紹介する。

　中国の鉱物資源の消費量は，改革開放後の，とりわけ 1990 年代以降の急速な経済発展とともに驚異的な伸びをみせていた。中国は国内需要を自国の資源で賄おうと，国中で鉱物資源の探査開発を展開したが，国内資源だけで

第15図 深海底鉱物資源調査に関する日本のODA技術協力が実施された南太平洋の海域

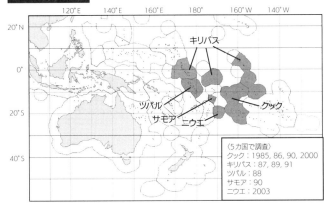

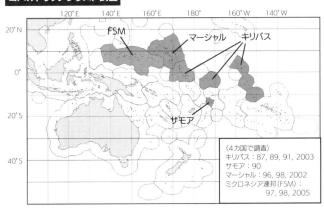

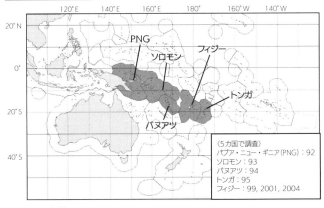

JOGMEC提供。

は需要を満たすことができず，輸入量は年々拡大していった。広大な面積を
もつ中国は資源ポテンシャルが高いので，探査機器の近代化を進め，また新
しい探査手法を導入することにより新たな資源が発見される可能性は高い。
このような背景から中国は1992年10月，日本に対して鉱物資源の地球化学
的探査研究手法の技術協力を要請した。日本はこれに応えて，94年9月から
2001年8月までの7年間，プロジェクト方式技術協力を実施した。

　プロジェクトの目的は，中国人研究者の基礎的研究能力の向上であった。
中国科学院に新しい研究所「鉱物資源探査研究センター」を設立し，そこを
拠点に活動を行った。日本人専門家の派遣をはじめ，中国人研究者の日本で
の研修，指導に必要な分析機器の供与などが行われた。プロジェクトは当初
いくつかの困難（例えば，分析機器を設置する実験室の未整備，中国人研究者数
の不足など）に直面したが，優秀な中国人研究者が確保され，技術移転は着実
に進み，彼らの研究レベルは次第に高まり，研究成果は年々増えていった。
このプロジェクトは結果的に，中国における日本の技術協力の成功例として
中国政府から高く評価された（志賀, 2008）。

2.4　準賠償事業：韓国浦項製鉄所（現，ポスコ）建設

　韓国に日本の新日鐵住金と肩を並べる世界屈指の製鉄所がある。浦項製鉄
所（現，ポスコ）という。この製鉄所が韓国を農業国から工業国へ押し上げた
のである。

　日本は，「日韓請求権並びに経済協力協定」に基づき，韓国に対して1965
年12月から75年12月までの10年間に3億ドルの無償資金協力と2億ドル
の有償資金協力を供与した。これらの協力は，サンフランシスコ講和条約第
14条上の義務（第2次世界大戦の戦後賠償）の履行というよりは，日韓併合条
約締結以降独立承認まで続いた植民地支配（10〜51年）の清算という意味合
いが強く，日本では準賠償と呼んでODA事業として扱っている。

　無償資金と有償資金の合計5億ドルのうちの23.9％（無償資金のうちの
10.3％と有償資金のうちの44.3％）が製鉄所の建設に費やされた。この数値か
ら，製鉄所建設に対する韓国の力の入れようは相当なものだったと窺い知る

第 9 章　鉱物資源に係る利害対立の対策　　**105**

ことができる。日本の技術協力の実施主体は新日本製鐵（現，新日鐵住金）と日本鋼管（現，JFE スチール）であった。できた製鉄所が浦項製鉄所である。

　この製鉄所のおかげで韓国は 1980 年代以降急速に工業化が進んだ。自動車産業や家電産業の成長は著しい。浦項製鉄所は 2002 年 5 月に社名をポスコ（POSCO）に変え，今日では世界屈指の鉄鋼メーカーに成長し，新日鐵住金や JFE スチールなど日本の鉄鋼業界を脅かす存在になっている。

2.5　民間企業の技術協力と政府の資金協力を組み合わせた事業：中国上海宝山製鉄所建設

　民間企業の技術協力と政府の有償資金協力を組み合わせた事業の例は大小多数ある。鉱物資源分野だけでも例を挙げればきりがない。ここでは超大型のプロジェクトを 1 件だけ紹介する。テレビでも放映されたことがあるので知っている人も多いであろう。中国の上海宝山製鉄所の建設である。

　同製鉄所は，新日本製鐵の君津，大分および八幡製鉄所をモデルに最新鋭の設備が導入された中国初の臨海型一貫製鉄所で，その建設は新日鐵の全面的協力の下で行われた。1977 年から 95 年頃まで続いた日本で過去最大規模の技術協力プロジェクトだったといってもよい。これは中国側からみても国家プロジェクトとして 20 世紀最大のものであり，世界史上においても稀にみる大規模な国際技術移転といわれている。プラント設備調達費は当時の為替レート換算で総額 3,980 億円に達し，日本輸出入銀行（現，JBIC）から融資を受けた（劉, 2003）。

　中華人民共和国成立後，毛沢東はソ連の協力の下，社会主義建設に着手した。一貫して資本主義を敵とみなした毛沢東の死後，鄭小平が復帰し，改革開放政策を打ち出し，それまでの閉鎖的政策を 180 度転換させた。このままでは中国はいつまでも豊かになれない，資本主義社会からよいものをどんどん吸収して豊かになろうという政策である。1977 年に中国が日本に大型一貫製鉄所建設を要請すると，すぐに製鉄所建設の第一期プロジェクトが始動した。製鉄所は鄭小平の改革開放政策の後ろ楯として中国近代化の幕開けを担い，今日の中国経済発展の原動力となった。

世界の粗鋼生産量トップ40の中で中国の製鉄所が半数の20を占める（2012年実績）。上海宝山製鉄所を前身とする宝鋼集団（国有企業）は粗鋼生産能力で日本の新日鐵住金や韓国のポスコと並んで世界の5指に入る大製錬所で，中国の鉄鋼産業をその中核として牽引し，中国を「世界の工場」と呼ばれるまでに押し上げたといってよい。

このプロジェクトと似たものに次のようなものがある。詳しくはそれぞれの文献を参照されたい。

・ブラジルのウジミナス製鉄所の建設（日本ウジミナス五十年のあゆみ編纂委員会, 2008）
・マレーシアのマラヤワタ製鉄所の建設（佐藤, 2007）
・カタールの製鉄所の建設（神戸製鋼所, 2005）

第 10 章

鉱物資源に係る利害対立対策で日本に期待すること

1 開発途上国の経済的自立に貢献する

1960 年代〜70 年代こそ南北の対立は激しかったが，やがて開発途上国は先進国の技術的・財政的支援がなくてはいつまでも経済的自立が達成できないことを，一方先進国は開発途上国の資源がなくてはさらなる成長は期待できないことを認識するようになり，双方が歩み寄って，それまでの対立の時代から相互依存の時代へと変わっていった。こうして開発途上国が独立後に思い描いてきた自立への道筋や南北関係の変わりようを顧みると，今後とも鉱物資源を開発途上国に依存していかざるをえない日本のたどるべき道筋もおのずとみえてくる。

開発途上国の経済的自立への貢献で日本に期待したいことは，相手が望み（相手のためになり）かつ日本のためにもなる事業を行うことである。日本のためにもなるのであれば，相手への貢献にも一層身が入り，また日本国民の支持も得やすいと思うからである。では，相手のためになりかつ日本のためにもなる事業とは具体的にどのようなものか。第 6 章および第 8 章で具体的に挙げた次のような事業を実行することである。

・南太平洋諸国の排他的経済水域において，深海底鉱物資源の商業的生産を行う
・ボーキサイトやラテライトから鉄を回収する技術を開発し，その技術を開発途上国に移転する
・日本の環境 ODA を日本企業の海外投資プログラムの中に組み込み，このプログラムを通じて開発途上国の鉱害防止技術レベルを日本並みに近づける

・鉄の製錬で二酸化炭素を発生させない「鉄硫化物原料化」法を開発し，開発途上国に普及させる

これらのほかに，本章の2および3に挙げる次の2つの事業の実施を追加したい。

・開発途上国に深海底鉱物資源調査の技術協力（ODA）を売り込む
・日本の国内製錬事業を海外へシフトする

2 開発途上国に深海底鉱物資源調査の技術協力（ODA）を売り込む

深海底鉱物資源存在の有望な国に対して日本側からODAの要請を働きかけてはどうであろうか。ODAを相手国に売り込むという「ODAの営業活動」は日本のODAの方針にはなじまないかもしれないが，深海底鉱物資源を対象としたODAはきわめて特殊で一般には知られておらず，日本側から売り込まなければ要請してくる国は現れないと思うからである。

日本は，1975年以来40年にわたって蓄積してきた深海底鉱物資源調査のノウハウをもち，多くの調査機器を搭載した最新鋭の探査船を所有している。これらのノウハウや探査船をもっと活かすべきである。SOPAC海域における技術協力の第2フェーズでもよいし，日本に近いフィリピンやインドネシアなども考えられる。そのほかにも深海底鉱物資源の有望な島嶼国や沿岸国は多いはずである。

開発途上国に深海底鉱物資源調査の要請を打診することは，深海底鉱物資源開発への開発途上国の参加を促すという点において国連海洋法条約の理念に合致している。開発途上国における深海底鉱物資源の調査は将来の日本への投資でもある。日本への鉱物資源の供給源として，また日本企業の投資先として活きてくるであろう。

3 日本の国内製錬事業を海外へシフトする

3.1 国内製錬業の危機

　日本は開発途上国から輸入する鉱石を頼りに国内製錬業を続けてきた。しかしインドネシアの鉱石輸出禁止や，ベトナムやインドの鉱石輸出税の引上げにみられるように，開発途上国は金属鉱物資源の高付加価値化をめざして，鉱石の輸出を禁止・制限しようとしている（第15表）。日本の鉱山会社

第15表　最近のアジア・アフリカ諸国にみられる鉱石輸出規制の動向

国名	鉱石輸出規制動向
インドネシア	新鉱業法（2009年1月12日施行）により，2017年1月1日から高付加価値化政策として銅，ニッケルなどすべての金属鉱石に製・精錬処理が義務づけられ，鉱石・精鉱の輸出が禁止された。
ベトナム	未加工鉱物資源の輸出を制限する首相指示（2012年1月9日）の一環として，2013年6月9日からマンガン，銅，鉛，亜鉛，チタンなどの鉱石・精鉱の輸出税がこれまでの30%から40%に引き上げられた。
フィリピン	下院議員が提出した鉱石輸出禁止法案が2014年11月26日開催の下院天然資源委員会で承認。案ではニッケル，クロム，マンガンなど戦略的金属の鉱石の輸出禁止と輸出前の製・精錬処理（高付加価値化）を求めている。まだ法的な決定はなされていない。
インド	2011年12月30日から鉄鉱石の輸出税を30%に引き上げ，輸出を制限。同税は同年3月1日に20%に引き上げられたばかり。相次ぐ輸出税の引上げの狙いは，政府が推進する鉄鋼産業育成を背景に鉄鉱石の輸出にブレーキをかけること。
南アフリカ	2011年6月，金，プラチナ，ニッケル，鉄，クロム鉱石の高付加価値化戦略を内閣承認。
ザンビア	ザンビアの製錬能力は国内で生産されたすべての精鉱を製錬できるレベルにまで増大しているため，精鉱輸出に際し課される10%の輸出税は軽減しないと明言（鉱山大臣，2013年）。
ジンバブエ	国内産プラチナ精鉱の高付加価値化を促進するため鉱山会社に製錬所建設を義務化。2013年3月，2年以内に製錬所建設を終えるよう命令し，実現できない場合はプラチナ精鉱の輸出を禁止すると警告。
DRコンゴ	鉱物資源の高付加価値化を促進するため，銅精鉱とコバルト精鉱の輸出を禁止（2013年4月5日，鉱山大臣と財務大臣が署名）。
ナミビア	2011年8月，鉱石の付加価値化を促すため，最大2%の鉱石輸出関税の導入を可能にする税制改正案を承認。

廣川（2012），五十嵐（2014），西岡（2014），山本（2015）などから抜粋し，編集した。

が相手国内で自主開発した鉱石さえも輸出禁止の例外でなくなってしまう。

　また開発途上国は，所有する鉱石を地金や半加工品にしてどんどん売ろうと，EPA の関税撤廃を経済開発のチャンスとみているに違いない。地金，合金，半加工品などあらゆる鉄・非鉄金属産品に対する日本の関税が撤廃され，円高にでもなれば，安価な開発途上国産品に国内市場さえも奪われかねない。

　鉱石の輸入が困難になり，製錬生成物の市場が縮小すれば，日本の国内製錬業の存続は危うくなる。何も対策を講じなければ，最悪の場合，閉鎖に追い込まれかねない。原因は異なるものの，1985年のプラザ合意以降の急激な円高により，日本の国内鉱山が次々と閉山に追い込まれ，海外での鉱山開発にシフトしたときの状況が思い出される。

　国内製錬業が閉鎖しては，鉱物資源の長期的・安定的確保は何のためか，日本の従来の鉱物資源政策は目標を失い根底から崩れてしまうのではないか。また，日本国内に銅の製錬所がなくなれば，国内金属鉱山業の最後の砦である菱刈，春日，岩戸，赤石の金銀鉱山も潰れてしまうかもしれない[1]。

3.2　国内製錬から海外製錬への方向転換

　今が，日本の製錬会社が海外に進出するチャンスである。これほどのチャンスはめったにめぐってこないであろう。日本の鉱山会社がそうであったように，国内の生産規模を少しずつ縮小して海外に重点を移してはどうであろうか。日本の製錬会社が鉱物資源に恵まれた開発途上国に進出し，単独でまたは相手国の製錬会社と協力して，安価で高品質な地金や半加工品などをつくり，それらを輸入関税ゼロの日本市場をはじめ世界市場に向けて輸出するという構想である。これは，日本が開発途上国のツボにはまっているように

1）金銀鉱石は銅製錬のケイ酸鉱（フラックス）として使われる。鉱石中の金銀は，銅の電解精錬で発生する陽極スライムに集中し，このスライムから電解法で電気銀・電気金として回収される。したがって銅の製錬所がなくなれば，菱刈鉱山などの金銀鉱石の行き場はなくなってしまう。

第 10 章　鉱物資源に係る利害対立対策で日本に期待すること　　111

みえるかもしれないが，日本側からみれば製錬分野の開発輸入（自主開発や資本参加）にほかならない。製錬の原料鉱石を相手国や第三国の鉱山会社に依存するのは安定確保の観点から危険であることから，鉱山開発から製錬・精製までを一貫して日本の鉱山会社が担う形，すなわち日本の鉱山会社が相手国内で生産した鉱石を自らがその場で（相手国内で）製錬・精製までを行うという形が理想的である。もちろんその鉱山会社と同じ系列の日本の製錬会社が製錬・精製を担う形でもよい。

　開発途上国，とくに鉱物資源開発分野で日本と関係の深いアジアや中南米の国々は日本企業の製錬分野への投資を歓迎するであろう。日本の国内製錬事業の海外へのシフトは日本のためだけでなく，相手国のためにもなり，双方にとって望ましいことである。またこれは EPA に規定された投資の促進にも合致している。

3.3　製錬分野の海外投資に対する政府の支援

　今述べたように，ここでいう製錬分野の海外投資とは製錬分野において自主開発や資本参加を行うということであり，日本にとって地金や半加工品の安定性の高い供給源となる反面，リスクも高い（第 3 図）。日本の製錬会社の海外投資を活発化するためには，製錬分野に対しても鉱山開発分野に劣らない支援が必要である。

　支援の例を 1 つ挙げれば，日本の製錬会社の海外投資を ODA とセットにして売り込むことである。具体的にいえば，日本企業の海外投資プログラムの中に相手国または相手国企業に対する ODA（環境汚染対策技術協力や有償資金協力など）を組み込むことによって日本企業の海外投資を背後から後押しするということである。

3.4　海外製錬の対象国

　では，海外製錬はどの国で行うのがよいか。日本の鉱山会社が鉱物資源開発や融資を行っている国，日本が行った ODA 事業（資源開発協力基礎調査な

ど）が鉱物資源開発に結びついた国，日本との間で EPA を締結している国などを候補として挙げることができる。

　原料鉱石の安定確保が期待できるという点で，日本の鉱山会社や企業グループ（鉱山会社，商社などから構成されている）が自主開発や資本参加をしたり，融資を行っている国がよいことはいうまでもない。そのような国にメキシコ，チリ，インドネシア，フィリピン，ペルーなどがある。

　日本が行った鉱物資源関連の ODA 事業が鉱物資源開発に結びついた国としてミャンマー，トルコ，ボリビア，ペルー，メキシコなど（第 14 表）がある。また日本との間で EPA を締結している国の中で鉱物資源に恵まれた国はメキシコ，チリ，インドネシア，フィリピン，インド，ペルー，オーストラリアなどである。

4　海外投資の心得

　熱帯作物や金属鉱物資源など一次産品の付加価値を高め，輸出収入の増大を図り，もって経済的自立を達成しようという植民地型モノカルチュア的経済から工業化への脱皮は，独立以来開発途上国の悲願であった。日本の「鉱石なら買うが，地金は買わない。」という産業保護措置は，開発途上国がめざす産業の多様化・高度化を阻害する要因になってきた。これでは開発途上国は加工したくてもできず，いつまでも工業化は進まない。このように先進国には開発途上国の成長を貿易によって上から押さえつけてきたという一面がある。

　開発途上国が鉱石の付加価値を高めるため製錬に力を入れ，鉱石をなまのままでは輸出しなくなるのは世の中のごく自然な流れである。イギリスやフランスではすでに国内製錬業は衰退し（第 1 表），今はまだ盛んな日本の国内製錬業もいずれは衰退して，世界のおもな製錬の場は次に続く国（開発途上国）に移っていく。

　開発途上国への投資で忘れてならないことは，日本をはじめ先進国の鉱山会社や製錬会社がわれ先にとばかり開発途上国に進出して自らの利益ばかり

を追求すると，しまいには植民地時代に逆戻りしてしまいかねないということである。どの国にとっても鉱物資源はからだの一部であり，その開発はわが身を削る思いで行っていること，一度削り取ってしまえば二度と回復できないということを強く認識し，投資に際しては受入国に対して技術移転など骨身になるお返しをする，あるいは自らがもつ技術を伝え受け継がせるぐらいの気構えが必要である。

第 6 部

提案した事業のパリ協定
および SDGs への貢献

第11章

パリ協定

1 パリ協定発効までの経緯

1968年12月開催の第23回国連総会は，無計画，無制限な開発による人間環境の悪化を防ぐためには調和のとれた開発が必要との判断を示した。これを受けて，72年6月に第1回国連人間環境会議がストックホルムで開催され，人間環境宣言が採択された。この宣言では地球環境の保護・改善に関する100以上の勧告がなされ，勧告に基づき国連環境計画UNEPが設立された。UNEPは88年に世界気象機関WMOとともに気候変動に関する政府間パネルIPCCを設立し，地球温暖化の総合的研究に取り組んだ。さらに90年7月開催のヒューストン・サミットで採択された経済宣言では，気候変動，オゾン層破壊，森林破壊，海洋汚染，生物多様性の喪失などの環境問題の解決に向けて，国連機関や国連専門機関を含む環境団体などの活動に対する積極的支持の表明がなされた。

そして1992年5月に国連気候変動枠組条約が採択され，同年6月には第2回国連環境開発会議「地球サミット」がリオデジャネイロで開催された。会議では，2,500を超える全地球的行動計画を勧告したアジェンダ21などが採択され，国連気候変動枠組条約と生物多様性条約の2つに調印がなされた。国連気候変動枠組条約は94年3月に発効した。

1997年12月開催の第3回国連気候変動枠組条約締約国会議（地球温暖化防止京都会議）で，先進国が約束期間において約束に従って温室効果ガスの排出を抑制または削減することなどを定めた京都議定書が採択されたが，排出量の多い中国やインドを含む開発途上国には削減の義務がなく，また世界で

最も排出量の多いアメリカは議定書から離脱し，議定書の効果が疑問視された。日本が求められた削減目標は，第一約束期間 2008〜2012 年度の 5 年間に 1990 年度を基準として 6% であったが，森林などの吸収源および京都メカニズムクレジットを加味して 8.7% の削減を達成した。

　第一約束期間以降の温室効果ガス削減目標を定めるポスト京都議定書策定の作業は 2005 年頃から始まった。日本は 2008 年 7 月に洞爺湖サミットを開催するなどポスト京都議定書の規範づくりに積極的に取り組んだが，2010 年 12 月の COP16 において合意が得られず閉幕した。

　ポスト京都議定書にかわってできたのがパリ協定である。この協定は 2015 年 12 月の COP21 で採択された。各国に削減目標はあるが義務ではないためか，先進国，開発途上国を問わず気候変動枠組条約に加盟するすべての国 196 カ国が参加している。アメリカ，中国，インドも批准し，翌年 11 月に発効した。日本の削減目標は，2013 年を基準として 2030 年までに温室効果ガスの排出量を 26% 削減することである。

2　パリ協定に対する日本の方針や取組み

2.1　政　府

　地球温暖化問題は，日本の温室効果ガス排出削減だけで解決できる問題ではない。世界全体で排出削減を行っていくことが必要不可欠であり，排出量が増大している新興国での排出を削減または抑制していくことが喫緊の課題である。

　政府は「地球温暖化対策計画」（2016 年 5 月 13 日，閣議決定）において，開発途上国への温室効果ガス削減技術等の普及や開発途上国の森林保全を，官民の力を結集して進め，これらの実施を通じて実現した温室効果ガス排出削減・吸収量を日本の削減目標の達成に活用するため，二国間クレジット制度 JCM[1] を構築・実施していくとしている。JCM については，温室効果ガス削減目標積上げの基礎とはしていないが，相手国で獲得した排出削減・吸収

第11章 パリ協定　　119

量は日本の実績として適切にカウントすることになっている。政府は今後，具体的な排出削減・吸収プロジェクトの実施に向けて，JBIC，NEXI，新エネルギー・産業技術総合開発機構 NEDO，JICA，ADB などの関係機関と連携し，開発途上国におけるプロジェクトのさらなる形成のための支援等を行う方針であるという。

2.2　関係機関

各機関は十分な連携を図り，自主的手法，規制的手法，経済的手法，情報的手法，環境影響評価を含む多様な政策手法を動員して，地球温暖化対策を推進する。気候変動問題の解決のためのあらゆる行動は，一国だけでなく国際的な協調により効果的，効率的に進めていくことがきわめて重要であり，世界全体での排出削減につながる取組みも積極的に推進していく（「地球温暖化対策計画」による）。

① JICA

世界的な排出削減に貢献して JCM クレジットを獲得することを目的に，次の２つの形態の JCM 資金支援事業（プロジェクト補助）に取り組んでいる。

・設備補助：JCM 導入が見込まれる途上国において，優れた低炭素技術等を活用したエネルギー起源 CO_2 の排出を削減するための設備・機器の導入に対して補助を行う。

1）開発途上国と協力して温室効果ガスの削減に取り組み，削減の成果を両国で分け合う制度。開発途上国への優れた低炭素技術などの普及を通じ，地球規模での温暖化対策に貢献するとともに，日本からの温室効果ガス排出削減などへの貢献を適切に評価し，日本の削減目標の達成に活用する。COP21 において，安倍総理が「日本は，二国間クレジット制度などを駆使することで，途上国の負担を下げながら，画期的な低炭素技術を普及させていきます」と演説するなど，政府全体として JCM を推進している。2018 年 11 月 1 日現在，モンゴル，バングラデシュ，エチオピア，ケニア，モルディブ，ベトナム，ラオス，インドネシア，コスタリカ，パラオ，カンボジア，メキシコ，サウジアラビア，チリ，ミャンマー，タイ，フィリピンの 17 カ国と署名済み。

- JICA 等連携プロジェクト補助：JICA 等が支援するプロジェクトと連携する JCM プロジェクトのうち，二酸化炭素排出削減効果の高い事業を支援するための補助を行い，優れた低炭素技術の普及を図るとともに，従来よりも幅広い分野での低炭素化を推進する。

② JOGMEC
- 気候変動に対する具体的な対応として再生可能エネルギーの1つである地熱資源開発を推進するとともに，低炭素化にむけた取組みとしてカーボン貯槽技術の確立をめざす。
- 金属資源についてはリサイクル製錬原料の高品質化技術の開発により，循環型社会形成をめざす。
- 資源国協力事業での技術教育・人材育成を通じて，資源国における天然資源の持続可能な管理の達成に寄与する。

2.3　民間部門

　事業者は，創意工夫を凝らしつつ，事業内容などに照らして適切で効果的・効率的な地球温暖化対策を幅広い分野において自主的かつ積極的に実施する。また，二酸化炭素排出削減効果の高い製品の開発，廃棄物の減量など，他の主体の温室効果ガスの排出の抑制に寄与するための措置についても推進する（「地球温暖化対策計画」による）。

○　鉄鋼業
　日本の部門別の二酸化炭素排出量で最も多いのは産業部門で，全排出量の 33% を占める（2013 年度）。その中で最も排出量が多いのは鉄鋼業である。
　「地球温暖化対策計画」によると，鉄鋼業界は二酸化炭素の排出削減に向けて次のような取組みを行う。最先端技術の導入として，高効率な電力需要設備，廃熱回収設備および発電設備のさらなる普及促進，並びにコークス炉に投入する石炭の代替となる廃プラスチックなどの利用拡大を図る。また，既存技術のみならず，高効率化および低炭素化のための革新的な製造プロセ

スの技術開発（革新的製銑プロセス，環境調和型製鉄プロセス）を実施し，当該技術の2030年頃までの実用化に向けた省エネルギー推進，二酸化炭素排出削減に取り組む。

3 提案した事業のパリ協定への貢献

日本に期待した6事業（第10章の1）のうちパリ協定における日本の温室効果ガス排出削減目標（2013年比，2030年までに26%削減）に貢献できる事業は3つである（第16表）。

① 日本の環境ODAを日本企業の海外投資プログラムの中に組み込み，開発途上国の鉱害防止技術レベルを日本並みに近づける

この事業は三大鉱物資源問題のうち環境汚染問題と利害対立問題の2つを同時に解決するために行う事業であり，具体的には次のような場合を想定している。

鉄鋼メーカーなどの日本企業が海外，とくに開発途上国に投資をするとき，その投資の中でJICAが環境汚染対策の技術協力を無償で行う。この技術協力は，従来の専門家派遣事業と同じで，日本から相手国に環境分野の専門家を派遣し，相手国の技術者や幹部職員などに対して日本が過去に経験した環境汚染や被害の実態，汚染の発生源，克服した技術などについて教育を行い，人材を育成する。この環境教育は相手国で持続的に活かされていく。JBICは日本企業に投資資金の融資を行い，NEXIは投資した日本企業が相手国で経済的被害に遭遇した際，損害をてん補する。JOGMECや非鉄金属業界は培った技術や経験を活かして環境専門家の派遣などに参加する。

このような日本企業の投資による相手国内での温室効果ガスの排出削減実績はJCMに活用することができる。JICAは二酸化炭素排出削減効果の高いJCMプロジェクトに対して支援・補助を行い，優れた低炭素技術の普及を図るとしており，本事業はJICAの方針に適合している。本事業はまた，開発途上国におけるプロジェクト形成のためにJICA，JBIC，NEXIなどの関

第 16 表 提案した 6 事業のパリ協定および SDGs への貢献

提案した事業	解決の対象とする鉱物資源問題	パリ協定への貢献*	SDGs への貢献**	想定される日本の参加機関・業界など
南太平洋諸国の排他的経済水域において、深海底鉱物資源の商業的生産を行う	枯渇および利害対立問題		○4-4, ○8-2, ○9-2, ○9-4, ○9-b, ○12-2, △12-a	JOGMEC、海運業界、非鉄金属業界など
ボーキサイトやラテライトから鉄を回収する技術を開発し、その技術を世界に、とくに開発途上国に移転する	枯渇および利害対立問題		○4-4, ○8-2, ○9-2, ○9-4, ○9-b, ○12-2, △12-5, ○12-a	鉄鋼業界、JBIC、NEXI など
日本の環境 ODA を日本企業の海外投資プログラムの中に組み込み、開発途上国の鉱害防止技術レベルを日本並みに近づける	環境汚染および利害対立問題	○	○3-9, ○4-4, ○6-3, △6-a, ○8-2, ○9-4, ○9-b, ○11-6, ○12-2, ○12-5, ○12-a, ○14-1	鉄鋼業界、JICA、JBIC、NEXI、JOGMEC、非鉄金属業界など
鉄の製錬で二酸化炭素を発生させない「鉄硫化物」原料化し法を開発し、開発途上国に普及させる	環境汚染および利害対立問題	○	○4-4, ○8-2, ○9-2, ○9-4, ○9-b, ○12-2, ○12-5, ○12-a, △13-3, ○14-1	鉄鋼業界、非鉄金属業界、JICA、JBIC、NEXI、JOGMECなど
開発途上国に海底鉱物資源調査の技術協力 (ODA) を売り込む	利害対立問題		(○4-4, ○8-2, ○9-2, ○9-4, ○9-b, ○12-2, ○12-a, ○14-1 など)	外務省、JICA、JOGMECなど
日本の国内製錬事業を海外にシフトする	利害対立問題	○	○4-4, ○6-3, △6-a, ○8-2, ○9-2, ○9-4, ○9-b, ○11-6, ○12-2, ○12-5, ○12-a, ○14-1	鉄鋼業界、非鉄金属業界、JBIC、NEXI、JICA、JOGMECなど

* 日本の温室効果ガス排出量削減目標達成に貢献できると予想される事業に○をつけた。

** 達成に貢献できると予想される目標を目標番号とターゲット番号で記した。例えば、「6-3」は 6 番目の目標の中の 3 番目のターゲットに貢献できることを表す。大きな貢献が期待できる目標に○を、中程度の貢献が期待できる目標に△をつけた。

係機関と連携して支援を行うとする政府の方針や，資源国協力事業での人材育成などを通じて天然資源の持続可能な管理の達成に寄与するとするJOGMEC の方針とも合致している。

② 鉄の製錬で二酸化炭素を発生させない「鉄硫化物原料化」法を開発し，開発途上国に普及させる

本事業も三大鉱物資源問題のうち環境汚染問題と利害対立問題を解決するために行う事業であり，具体的には次のような場合を想定している。

日本の製錬会社（鉄鋼，非鉄金属を問わない）が国内の製錬所の敷地内に黄鉄鉱などの鉄硫化物を原料とした製鉄のテストプラントを建設し，発生する二酸化イオウの処理を含む「鉄硫化物原料化」法の試験を繰り返し行う。技術に確信をえた段階で，開発途上国への普及を始める。普及に際しては，交渉相手に①の場合と同様の日本の環境 ODA による技術協力の支援を提示すれば，交渉は円滑に進むと思われる。

「鉄硫化物原料化」法の普及によって達せられる二酸化炭素の排出削減量は，日本国内分を含めると相当な量になるはずである。日本国内での削減量はパリ協定で求められた削減目標積上げの基礎となり，また開発途上国での削減量は日本の実績として JCM に適切にカウントされる。本事業は日本政府，JICA，JOGMEC などの方針と適合している。

③ 日本の国内製錬事業を海外にシフトする

本事業は国内製錬業の存続のために行われるものであるが，三大鉱物資源問題のうち利害対立問題の解決にも有効である。具体的には次のような場合を想定している。

日本の製錬会社（鉄鋼，非鉄金属を問わない）が製錬事業の拠点を鉱産国に移し，国内では廃金属スクラップの製錬や技術革新のための基礎的研究を行う。また，現に海外において自主開発または資本参加の形で鉱石を採掘している日本の鉱山会社が，採掘した鉱石を自ら現地で製錬する方法でもよい。いずれの場合も，①の場合と同様の日本の環境 ODA による技術協力を実施する。

製錬所の建設では JBIC から融資を受け，現地資産の保険は NEXI に依存する。技術協力の実施主体は JICA や JOGMEC である。本事業も，日本政府をはじめ JICA，JOGMEC などの方針と適合している。

第12章

持続可能な開発目標 SDGs

1 SDGs 採択までの経緯

OECD の中の DAC は 1996 年 5 月に，世界に貧困や窮状があるためにわれわれの安全が脅かされているとして，開発途上国の人間開発[1] を中心とした新たな開発戦略を策定した。この戦略は通称 DAC 新開発戦略と呼ばれているもので，開発途上国のすべての人々の生活の質の向上を最優先課題とし，とくに貧困，教育，保健医療，環境の 4 分野を重視して，21 世紀に向けたそれらの開発戦略のビジョンを示すとともに，開発協力の具体的なアプローチ 4 分野 7 目標を掲げた。4 分野 7 目標は，90 年代に開催されたおもな国際会議において採択された宣言や行動計画を整理したものである。環境分野の目標は，2005 年までにすべての国が持続可能な開発のための国家戦略を策定し，実施に移し，これによって 2015 年までに，森林，漁業，淡水，気候，土壌，生物多様性，オゾン層などの環境資源の減少傾向を増加方向に転じるとした。この目標は，先に述べた第 2 回国連環境開発会議「地球サミット」での提案に基づいたものであった。

DAC が掲げた開発協力の目標は，2000 年 9 月に国連ミレニアム・サミットで採択されたミレニアム開発目標 MDGs の基礎となった。MDGs は，人

---

1) 国連開発計画 UNDP は 1990 年に人間開発報告書を発表した。人間開発という概念は，UNDP が同報告書の中で開発援助の目的を，ひとりでも多くの人が人間の尊厳にふさわしい生活ができるように手助けすることと位置づけたことに始まった。この概念は国際的にも幅広く受け入れられている。

類の将来の繁栄に向けた基礎的条件として国際社会全体に共通の開発目標となり，2015年までに達成すべき8つの目標を掲げた。目標の1つに環境の持続可能性確保が掲げられ，目標の達成度を評価する具体的な指標として次の3つを挙げた。

・安全な飲料水のない人口を半減させる。

・衛生設備のない人口を半減させる。

・スラム居住者の生活を改善させる。

　これらの指標の中で鉱物資源開発と直接的関係を有するのは1番目の指標である。鉱物資源開発に起因する水質汚染や土壌汚染などにより安全な飲料水が確保できなくなる恐れがあるからである。結果としてこの指標は，中央アジア・コーカサスでは進展がなく，サブ・サハラ，西アジア，オセアニア（南太平洋諸国）では目標が達成できなかった[2]（国連経済社会局統計部（外務省仮訳））。

　2015年9月の国連サミットにおいてMDGsの後継として採択されたのがSDGsである。SDGsは2016年から2030年までの国際開発目標で，17の目標と169のターゲットからなり，開発途上国のみならず，先進国もが取り組むユニバーサル（普遍的）なものである。17の目標の中には，鉱物資源開発と関係するものとして，水・衛生（目標6），持続可能な消費と生産（同12），気候変動（同13），海洋資源（同14）などがある（SDGsの目標とターゲットの詳細についてはユニセフなどの資料を参照されたい）。

2　SDGs に対する日本の方針や取組み

2.1　政　府

　政府の取組みとして開発協力大綱の策定と「SDGs推進本部」の設置の2

---

2) 鉱物資源開発が原因かどうかはわからない。

つを挙げることができる。

2.1.1　開発協力大綱の策定

　現在の国際社会には貧困・飢餓，環境・気候変動問題，宗教対立，難民，感染症，国際テロ・組織犯罪など多くの人道的問題や地球的規模問題が蔓延し，これらの問題は個々の人間の尊厳を守り，国際社会の持続可能な成長を実現するうえで大きな脅威となっている。

　そこで政府は，国際社会と協力してこれらの問題の解決に取り組んでいく必要があるとして，従来の ODA 大綱を改定し開発協力[3] 大綱（2015 年 2 月 10 日，閣議決定）を策定した。この大綱では，開発協力の重点課題として以下の 3 つを掲げている。

・「質の高い成長」とそれを通じた貧困撲滅

　　世界にはいまだに多数の貧困層が存在しており，貧困削減はもっとも基本的な開発課題である。貧困問題を持続可能な形で解決するためには「質の高い成長」の実現が不可欠である。その実現に向けて，産業基盤整備・産業育成，人材育成，雇用創出など経済成長の基礎および原動力を確保するために必要な支援を行う。同時に，保健医療，安全な水・衛生，食料・栄養，質の高い教育，女性の能力強化，精神的な豊かさをもたらす文化・スポーツなど人々の基礎的生活を支える人間中心の開発を推進するために必要な支援を行う。

・普遍的価値の共有，平和で安全な社会の実現

　　（省　略）

・地球規模課題への取組みを通じた持続可能で強靱な国際社会の構築

　　国境を越えて人類が共通して直面する環境・気候変動，水問題，食料問題などの地球規模課題は国際社会全体に大きな影響を与える。日本は，国

　3）政府がいう「開発協力」とは「開発途上地域の開発を主たる目的とする政府および政府関係機関による国際協力活動」を指す。また，狭義の「開発」のみならず，平和構築やガバナンス，基本的人権の推進，人道支援なども含め，「開発」を広くとらえている。

際的な目標や指針づくりへの関与および策定された国際開発目標の達成に向けて積極的にかつ率先して取り組み，持続可能かつ強靱な国際社会を構築することをめざす。そのために，低炭素社会の構築，気候変動対策，森林・農地・海洋における資源の持続可能な利用，健全な水循環の推進，食料安全保障，栄養などに取り組む。

・開発協力の実施体制

　中核は外務省，実施を担う機関はJICAおよびその国内拠点。公的資金を扱うJBICやNEXIをはじめ，国際機関・自治体・国内外のNGO・市民社会組織などと連携を強化する（以上，外務省「ODA（政府開発援助）」から抜粋）。

2.1.2 「SDGs推進本部」の設置

　2015年9月にSDGsが採択されると，政府はただちにその実施に向け国内の基盤整備に着手した。2016年5月に総理大臣を本部長とし，全閣僚を構成員とする「SDGs推進本部」を設置し，国内実施と国際協力の両面で率先して取り組む体制を整え，さらに同年12月，今後の日本の取組みの指針となる「SDGs実施指針」を決定した。この指針には8つの優先課題が掲げられている。その中には鉱物資源開発と深い関係を有するものとして次の2つがある。

・優先課題5　省・再生可能エネルギー，気候変動対策，循環型社会

　気候変動対策に係る国際交渉に取り組むとともに，JCM，環境汚染対策，温室効果ガス観測衛星による地球環境観測，研究ネットワークなどの開発途上国支援の推進を図る。

・優先課題6　生物多様性，森林，海洋等の環境の保全

　大気汚染対策では工場・事業場などからの排出抑制対策を推進し，海洋汚染対策では廃棄物の海洋投入処分量の削減に向けた取組みなどを進める。また，氷海域，深海部，海底下を含む海洋調査を戦略的に推進する（以上，「SDGs実施指針」（2016年12月22日SDGs推進本部決定）から抜粋）。

2.2 JICA

JICA は，SDGs の目標達成に貢献するために次の 3 本の柱を設定した。

・リーダシップを発揮し目標の達成に積極的に取り組む。

・開発協力の経験を活かし，SDGs の 10 の目標について中心的役割を果たす。10 の目標とは，飢餓・栄養，健康，教育，水・衛生，エネルギー，経済成長・雇用，インフラ・産業，都市，気候変動，森林・生物多様性である。

・SDGs 達成を加速するため，国内の知見の活用，国内外のパートナーとの連携，イノベーションを図り，SDGs の達成に向けてインパクトを確保する。

JICA は SDGs 達成に向けて，上記の 10 の目標のほか，従来日本や JICA が必ずしも十分な知見を有していなかった領域にも取り組み，また従来行っていなかった協力にも取り組んでいく。

JICA は事業規模としては年間約 1～2 兆円の融資，2～3 千億円の無償資金協力と技術協力を継続的に実施しており，これらすべてが SDGs 達成に貢献可能である。これは他の開発パートナーやその他の機関，企業と比しても規模は大きく，また安定しており，JICA は，SDGs 達成に有効な役割を果たすことが可能である（以上，SDGs ポジション・ペーパー「SDGs 達成への貢献に向けて：JICA の取り組み」（2016 年 9 月 12 日，JICA）から抜粋）。

2.3 JOGMEC

JOGMEC は SDGs への貢献に向けて行動基軸として 5 つの柱を定めた。5 つの柱とは「産業とくらしを支えるエネルギー・資源の安定供給確保」，「気候変動への対応と循環型社会構築への貢献」，「資源事業に係る環境保全の活動」，「ステークホルダーとのパートナーシップを通した地域活性化」および「あらゆる人々の活躍の推進」である。それらの中で鉱物資源開発と直接的関係を有するものは以下の 4 つである。

・産業とくらしを支えるエネルギー・資源の安定供給確保

　再生可能エネルギーのひとつである地熱資源の開発を推進している。また二酸化炭素排出量の少ない天然ガスの開発などに積極的に取り組んでいく。

・気候変動への対応と循環型社会構築への貢献

　（前掲のため省略）

・資源事業に係る環境保全の活動

　資源開発による周辺地域や自然環境に対する影響を低減するとともに，国内外において鉱害防止事業などの環境保全に寄与する活動に取り組んでいく。また，休廃止鉱山からの坑廃水の処理技術について，低コスト・省エネ型の自然力活用型坑廃水処理技術の開発を行い，現場への導入支援を推進するとともに，次世代の国内資源として期待されているメタンハイドレートや海底熱水鉱床などの海底資源開発に係る環境評価手法の確立をめざして環境調査などを推進する。

・ステークホルダーとのパートナーシップを通した地域活性化

　国内においては自治体と一体となった地熱による地域振興を推進するとともに，大学との連携による資源事業に関わる人材育成に貢献する。海外においては資源国協力事業を通じた人材育成研修などにより資源国との共生をめざす（以上，「JOGMECの持続可能な開発目標（SDGs）への取組方針」（JOGMEC）から抜粋）。

2.4　民間部門

　SDGsの達成のためには，公的セクターのみならず，民間セクターが貢献することが決定的に重要であり，民間企業（個人事業者も含む）が有する資金や技術を社会課題の解決に効果的に役立てていく。

3 提案した事業の SDGs への貢献

　提案した 6 事業（第 10 章の 1）はいずれも新鮮で，政府や関係機関などが推進する事業と比べて，より革新的ですらある。また第 16 表を一見してわかるように，SDGs への貢献も絶大である。以下に，パリ協定の項で取り上げた 3 事業を除く残りの 3 事業について解説する。

① 　南太平洋諸国の排他的経済水域において，深海底鉱物資源の商業的生産を行う

　本事業は三大鉱物資源問題のうち枯渇問題と利害対立問題の 2 つを同時に解決するために行われる事業であり，具体的には次のような場合を想定している。

　JOGMEC が長年にわたり海底鉱物資源調査の ODA 技術協力を実施した南太平洋の島嶼国（第 15 図）の中から有望海域を有する 1 カ国を選び，交渉のうえ日本側企業と相手国側企業（国営または国有企業を含む）から構成されるジョイントベンチャーを設立し，その海域で海底鉱物資源の商業的生産を行う。過去に実施した技術協力で鉱物資源の賦存状況などは把握しているので採取は比較的容易である。採取した鉱物資源を日本の製錬所まで海上輸送し，そこで製錬・精製した後，利用者に販売する。日本側企業の一員としてJOGMEC が参加する。

　本事業は，SDGs の目標 4 のターゲット 4（第 16 表で 4-4 と記した），目標 8 のターゲット 2，目標 9 のターゲット 2・4・b，目標 12 のターゲット 2・a に貢献できる。ちなみに，目標 4 のターゲット 4 とは，「2030 年までに，技術的・職業的スキルなど，雇用，働きがいのある人間らしい仕事および起業に必要な技能を備えた若者と成人の割合を大幅に増加させる。」である。本事業は日本政府や JOGMEC などの方針と適合し，事業を通してなしえたSDGs への貢献は JCM として日本の評価につながる。

② ボーキサイトやラテライトから鉄を回収する技術を開発し，その技術を世界に，とくに開発途上国に移転する

本事業も三大鉱物資源問題のうち枯渇問題と利害対立問題を解決するために行われる事業であり，具体的には次のような場合を想定している。

日本の鉄鋼メーカーが国内にボーキサイトやラテライトから鉄を回収するテストプラントを建設し，そこで回収試験を繰り返し行う。技術に確信が持てた段階で，プラントを，先進国をはじめボーキサイトやラテライト資源の豊富な熱帯・亜熱帯の開発途上国に輸出する。輸出先がボーキサイトからアルミニウムの製錬を行っている国であれば，プラント建設のための経済的負担を抑えることができるという点で，なお有利である。JBIC は日本の鉄鋼メーカーに相手国内でのプラント建設に要する資金の融資を行い，NEXI は，日本企業が相手国内で経済的被害を被ったとき，損害をてん補する役割を担う。

本事業は SDGs の 4-4，8-2，9-2，9-4，9-b，12-2，12-5，12-a に貢献できる。例えば，SDGs の 8-2 とは，「高付加価値セクターや労働集約型セクターに重点を置くことなどにより，多様化，技術向上およびイノベーションを通じた高いレベルの経済生産性を達成する。」である。

③ 開発途上国に海底鉱物資源調査の技術協力（ODA）を売り込む

本事業は三大鉱物資源問題のうち利害対立問題を解決するために行われる事業であり，想定した内容は第 10 章で述べているので省略する。この事業で主体的な役割を果たす機関は外務省，JICA，JOGMEC などである。

本事業は，技術協力を売り込む段階では SDGs への貢献はほとんど見込まれないが，実施が実現した後に日本が貢献できると予想される SDGs の目標とターゲットは 4-4，8-2，9-2，9-4，9-b，12-2，12-a，14-1 などである。例えば，9-b とは，「産業の多様化や商品への付加価値創造などに資する政策環境の確保などを通じて，開発途上国の国内における技術開発，研究およびイノベーションを支援する。」である。

引用文献

和文（五十音順）

家田　修（2011）：ハンガリー赤泥流出事故の背景と教訓．ドナウの四季 2011 年新春号，No. 9, 2〜3.

五十嵐吉昭（2014）：ベトナム社会主義共和国における鉱業政策の変遷と現状．石油天然ガス・金属鉱物資源機構（JOGMEC）調査部編『金属資源レポート』，44 巻，1 号，1〜8.

石井輝秋（1988a）：日本近海の鉄・マンガン酸化物（マンガン団塊とコバルトクラスト）の化学組成．月刊海洋科学，20, 260〜266.

石井輝秋（1988b）：海山・海洋島の分類とその一生―海山・海洋島にオリビン団塊を求めて―．月刊海洋科学，20, 267〜276.

岩崎重三（1911）：『日本鉱石学 第二巻金篇』．内田老鶴圃，全 472 ページ．

臼井　朗・飯笹幸吉・棚橋　学（1994）：日本周辺海域鉱物資源分布図．通産省工業技術院地質調査所発行，特殊地質図 33.

臼井　朗・寺島　滋・湯浅真人（1987）：小笠原海台周辺海域の含コバルト・マンガンクラスト．月刊海洋科学，19, 215〜220.

江島辰彦・嶋影和宣・星　政義（1977）：赤泥からのナトリウムおよびアルミニウムの回収．軽金属，Vol. 27, No. 1, 19〜26.

NHK 社会部（1971）：『日本公害地図』．日本放送出版協会，全 294 ページ．

NHK 社会部（1973）：『日本公害地図（第二版）』．日本放送出版協会，全 387 ページ．

岡本信行（2006）：南太平洋における深海底鉱物資源調査成果― 21 年間の SOPAC 調査―．石油天然ガス・金属鉱物資源機構（JOGMEC），全 28 ページ．

加瀬克雄・山本雅弘・柴田次夫（1988）：別子型鉱床の生成環境― MAR23°N での知見をもとに―．月刊海洋科学，20, 223〜228.

加藤泰浩（2013）：レアアース泥―新しい海底鉱物資源―．日本地球惑星科学連合ニュースレター，Vol. 9, No. 2, 1〜3.

神谷太郎（2009）：ここまで分かったバイオリーチング技術―第 3 回バイオシンポジウム in 小坂を開催―．金属資源レポート 2009. 1, 587〜606.

環境保全協議会（1992）：『環境破壊の歴史』．環境保全協議会，全 541 ページ．

金属鉱業事業団（1988）：海水ウラン回収システム技術確証調査研究成果発表会―海洋溶存資源とその未来（講演資料）．金属鉱業事業団，全 46 ページ．

神戸製鋼所（2005）：カタールで直接還元鉄プラントを受注―天然ガスを利用した，高炉によらない製鉄法．神戸製鋼所 2005 年 2 月トピックス．

国際協力事業団（1995）：中華人民共和国徳興銅鉱山鉱廃水処理計画調査最終報告書（要約編）．全 117 ページ．

国際協力事業団・金属鉱業事業団（1993）：中華人民共和国レアメタル総合開発調査・資源開発協力基礎調査報告書―黒竜江北西部地域総括報告書．全 110 ページ．

五味　篤 (2015)：近代と現代のいちき串木野市の金山．国民文化祭かごしま 2015，いちき串木野市シンポジウム「金山の歴史」，講演要旨．

財務省貿易統計『実行関税率表 (2017 年 1 月 1 日版)』．

佐藤　創編 (2007)：『アジアにおける鉄鋼業の発展と変容』調査研究報告書．アジア経済研究所，全 207 ページ．

志賀美英 (1983)：釜石鉱床区に分布する早池峯超苦鉄質岩中の Fe-Ni(-Co)-S 系鉱物—蛇紋岩化作用の物理化学的環境について—．鉱山地質，33 巻，1 号，23〜38．

志賀美英 (2003)：『鉱物資源論』．九州大学出版会，全 289 ページ．

志賀美英 (2008)：無償の限界—中国での JICA プロジェクトに参加して—．志賀美英編著『開発教育序論—世界はそして日本はなぜ開発援助を行うか』．九州大学出版会，91〜113．

志賀美英 (2017)：口絵：奄美大島大和鉱山産出マンガン鉱石．鹿児島県地学会誌，No. 109，1〜2．

資源エネルギー庁 (1989)：『'90 資源エネルギー年鑑』．通産資料調査会，全 937 ページ．

資源エネルギー庁資源・燃料部鉱物資源課編集 (2011)：『海外鉱物資源確保ワンストップ体制 (2011 年 10 月第四版)』．全 30 ページ．

資源エネルギー年鑑編集委員会編 (2007)：『2007 - 2008 資源エネルギー年鑑』．通産資料出版会，全 859 ページ．

石油天然ガス・金属鉱物資源機構 (2007)：第 2 白嶺丸が探る深海底鉱物資源—金属資源の新たな供給源を求めて．JOGMEC NEWS 2007. 3，2〜7．

田中英年 (2014)：資源動向と還元鉄を利用した鉄鋼製造プロセス．神戸製鋼技報，64 巻，1 号，2〜7．

地学団体研究会地学事典編集委員会 (1988)：『地学事典増補改訂版』．平凡社，1,018 ページ．

東海大学 CoRMC 調査団 (1991)：『図鑑—海底の鉱物資源 Cobalt-rich manganese crust』．東海大学出版会，全 123 ページ．

ドネラ・H. メドウズほか (1972)：『ローマ・クラブ「人類の危機」レポート—成長の限界 (大来佐武郎監訳)』．ダイヤモンド社，全 203 ページ．

西岡さくら (2014)：ジンバブエの資源ナショナリズムと鉱業セクターへの影響．石油天然ガス・金属鉱物資源機構 (JOGMEC) 調査部編『金属資源レポート』，45 巻，2 号，55〜68．

日本ウジミナス五十年のあゆみ編纂委員会 (2008)：『日本ウジミナス五十年のあゆみ—鉄は日伯を結ぶ』．日本ウジミナス株式会社，全 225 ページ．

野原昌人 (1987)：コバルトリッチクラスト形成におけるフォスフォライトの役割．月刊海洋科学，19，221〜225．

花田昌宣 (2015)：2014 年度水俣学講義第 15 回—世界の水銀汚染と水俣病．1〜12．

原田憲一 (1986)：海山産コバルトクラストの特徴と成因．月刊地球，8，297〜301．

原田正純・田尻雅美 (2010)：アジアの公害地図．『アジア環境白書 2010/11』．東洋経済新報社，342〜347．

廣川満哉 (2012)：最近の資源ナショナリズムの動向．石油天然ガス・金属鉱物資源機構 (JOGMEC) 金属資源開発本部金属企画調査部編『金属資源レポート』，42 巻，4 号，433〜438．

ブラックスミス研究所 (2007)：世界でもっとも汚染された場所—トップ 10．

引用文献 135

古川　創（2017）：バイオリーチング技術開発．平成29年度第4回JOGMEC金属資源セミナー（2017年8月29日開催）．

ポト，G.（1983）：中央海嶺軸部における大洋底熱水作用（水野篤行訳）．月刊海洋科学，15, 506〜512.

山本万里奈（2015）：インドネシア―鉱物資源高付加価値化政策の動向．石油天然ガス・金属鉱物資源機構（JOGMEC）調査部編『金属資源レポート』，44巻，5号，1〜21.

吉井周雄・石村孝太郎（1978）：赤泥からの鉄とアルミナの回収．北海道大学工学部研究報告，89, 1〜9.

劉　志宏（2003）：宝山製鉄所の技術導入をめぐる政策決定．アジア研究，49巻，2号，3〜25.

英文（アルファベット順）

ARCHER, A. A. (1979) : Resources and potential reserves of nickel and copper in manganese nodules. *In* "Manganese Nodules: Dimensions and Perspectives (prepared by the United Nations Ocean Economics and Technology Office)". D. Reidel Publishing Company, 71〜81.

BEHRENDT, J. C. (1991) : Scientific studies relevant to the question of Antarctica's petroleum resource potential. *In* "The Geology of Antarctica (edited by R. J. TINGEY)". Clarendon Press, Oxford, 588〜616.

BEHRENDT, J. C., DREWRY, D. J., JANKOWSKI, E. and GRIM, M. S.(1980): Aeromagnetic and radio echo ice-sounding measurements show much greater area of the Dufek intrusion, Antarctica. Science, 209, 1014〜1017.

CRONAN, D. S. (1980) : Underwater minerals. Academic Press, London, 362p.

ELGARAFI, A. (1980) : Metalliferous muds in the Red Sea: A review of their discovery, exploration and development. Nat. Res. Forum, 4, 324〜327.

GLASBY, G. P. (1977) : Marine manganese deposits. Elsevier Scientific Publishing Company, Amsterdam, 523p.

HALBACH, P. H. (1986) : Pacific mineral resources − Physical, Economic, and Legal Issues (edited by C. L. JOHNSON and A. L. CLARK). Proc. Pacific Marine Mineral Resources Training Course, E-W Center, Hawaii, 137〜160.

HALBACH, P. H., MANHEIM, F. T. and OTTEN, P. (1982) : Co-rich ferromanganese deposits in the marginal seamount regions of the Central Pacific Basin−Results of the MIDPAC '81. Erzmetall, 35, 447〜453.

HAYMON, R. M. and KASTNER, M. (1981) : Hot spring deposits on the East Pacific Rise at 21°N: Preliminary description of mineralogy and genesis. Earth Planet. Sci. Lett., 53, 363〜381.

HAYNES, B. W., LAW, L. L. and BARRON, D. C. (1986) : An elemental description of Pacific manganese nodules. Marine Mining, 5, 239〜276.

KATO, Y., FUJINAGA, K., NAKAMURA, K., TAKAYA, Y., KITAMURA, K., OHTA, J., TODA, R., NAKASHIMA, T. and IWAMORI, H. (2011) : Deep-sea mud in the Pacific Ocean as a potential resource for rare-earth elements. Nature Geoscience, 4, 535〜539.

KRAUSKOPF, K. B. (1979) : Introduction to geochemistry. McGraw-Hill Inc., 617p.

MALAHOFF, A. (1982) : A comparison of the massive submarine polymetallic sulfides of the Galapagos Rift with some continental deposits. Marine Tech. Soc. Jour., 16, 39~45.

OUDIN, E. (1983) : Hydrothermal sulfide deposits of the East Pacific Rise (21°N). Part 1: Descriptive mineralogy. Marine Mining, 4, 39~72.

ROWLEY, P. D. (1983) : Developments in Antarctic geology during the past half century. *In* "Revolution in the Earth Sciences – Advances in the Past Half-Cenrury (edited by S. J. BOARDMAN)". Dubuque, Iowa, Kendall/Hunt Publishing Company, 112~135.

ROWLEY, P. D. and PRIDE, D. E. (1982) : Metallic mineral resources of the Antarctic Peninsula (Review paper). *In* "Antarctic Geoscience (edited by C. CRADDOCK)". Madison, Univ. of Wisconsin Press, 859~870.

SHIGA, Y. (1987) : Behavior of iron, nickel, cobalt and sulfur during serpentinization, with reference to the Hayachine ultramafic rocks of the Kamaishi mining district, northeastern Japan. Canadian Mineralogist, 25(4), 611~624.

SHIPBOARD SCIENTIFIC PARTY (1975) : Initial reports of the Deep Sea Drilling Project, Part 1, Shipboard site reports. California Univ., Scripps Institution of Oceanography, La Jolla, 28, 1~369.

SPLETTSTOESSER, J. F. (1985): Antarctic geology and mineral resources. Geology Today, 1, 41~45.

USUI, A. and MORITANI, T. (1992) : Manganese nodule deposits in the Central Pacific Basin: Distribution, geochemistry, mineralogy, and genesis. *In* "Geology and Offshore Mineral Resources of the Central Pacific Basin (edited by B. H. KEATING and B. R. BOLTON)". Springer, New York, 14, 205~223.

USUI, A., NISHIMURA, A. and MITA, N. (1993) : Composition and growth history of surficial and buried manganese nodules in the Penrhyn Basin, Southwestern Pacific. Marine Geology, 114, 133~153.

WORLD BUREAU of METAL STATISTICS (2016) : World Metal Statistics.

索　引
(五十音順 , アルファベット順)

あ

赤石鉱山　　9, 61, 110

アジア・アフリカ諸国独立　　26

アジア開発銀行　ADB　　100, 119

アジェンダ21　　117

アトランティスⅡ世号　　47

アトランティスⅡディープ　　50

アノード　　15

アフリカ開発会議　TICAD　　100

アマルガム　　59

アマルガム法　　59

アルカリ廃水　　91

アルミニウムの精練　　75

アングロ・アメリカン　　3

安全な飲料水　　126

安定確保　　111

い

イオン吸着型鉱床　　52

イオン結合　　66

一次産品　　112

一次産品総合計画　IPC　　33

一貫製鉄所　　105

一般特恵関税制度　　32

一般特恵税率　GSP 税率　　19

岩戸鉱山　　9, 61, 110

インド洋中央海嶺　　48

インフラ整備　　13, 100

う

ウェデル海　　56

ウジミナス製鉄所　　106

海の境界　　36

ウルグアイラウンド　　33

え

衛星画像解析　　100

エネルギー・資源の安定供給確保　　129

遠洋性堆積物　　51

お

黄鉄鉱　　口絵 8, 88, 94, 123

小笠原海台　　46

沖縄トラフ　　口絵 2, 口絵 3, 口絵 8, 36, 48

沖ノ鳥島　　36

汚染源　　29

オゾン層破壊　　117

オートクンプ式自溶炉　　94

温室効果ガス　　117

温室効果ガス観測衛星　　128

温室効果ガス削減技術　　118

温室効果ガス排出削減　　118

か

海外技術協力事業団　　100

海外共同地質構造調査　　17

海外鉱業情報　　16

海外製錬　　111

海外地質構造調査　　17

海外投資　　89, 107, 121

海外投資金融　　17

海外投資保険　　17

改革開放　　102

海溝　　口絵 4, 44

海山　　口絵 4, 口絵 7, 45

海水ウラン　　69

海水からの金属の回収　　69, 71

海台　　口絵 4, 口絵 7, 45

海底拡大　　口絵 4

海底火山　48
海底火山列　47
海底鉱物資源　36
海底堆積物　50
海底熱水鉱床　口絵4，口絵8，34，47，72，102，130
　（海底熱水鉱床の）産状　口絵8，48
　（海底熱水鉱床の）成分　48
　（海底熱水鉱床の）探査規則　73
　（海底熱水鉱床の）探査権　73
　（海底熱水鉱床の）発見・分布　47
　（海底熱水鉱床の）賦存量　49
開発援助　125
開発援助委員会　DAC　27，100，125
開発規則　72
開発協力　125
開発協力大綱　126
開発協力の目標　125
開発計画調査型技術協力　17
開発権　72
開発目標　126
開発輸入　13，74，111
海綿鉄　87
海洋汚染　29，87，117，128
海洋環境　72
海洋研究開発機構　JAMSTEC　50
海洋資源　126
海洋地殻　口絵4，口絵6，47
海洋調査船チャレンジャー号　42
海洋底　44，72
海洋プレート　44，71
革新的製銑プロセス　121
拡大軸　47
加工・製品化　4
加工度　18，99
春日鉱山　9，61，110
ガット　33
カットオフ品位　56
ガットの多角的貿易交渉　33
カドミウム汚染　29
カドミウム汚染米　30
カドミウム中毒　31
カーボン貯槽技術　120

ガラパゴス拡大軸　48
環境汚染　8，87
　（環境汚染）対策　81，121，128
　（環境汚染）対策技術協力　90，111
　（環境汚染）防止　28
　（環境汚染）問題　25，89，121
環境ODA　89，107，121
環境基準　90
環境教育　121
環境資源　125
環境調和型製鉄プロセス　121
環境に関する措置　92
環境認識　89
環境の持続可能性　126
環境破壊　77，89
還元ガス　85
還元剤　85，94
還元鉄　76
還元炉　76，87
還元炉－電気炉法　MIDREXプロセス　76，87
乾式製錬法　64
関税　19
関税および貿易に関する一般協定　33
関税暫定措置法　21
関税撤廃　110
関税率　19
岩石からの金属の回収　65，71
間接投資　13
環太平洋パートナーシップ　TPP　22

き
気候変動　117，119，126
気候変動対策　128
気候変動に関する政府間パネル　IPCC　117
技術移転　17，32，77，92，100，104，113
技術協力　32，72，90，102，108，121
希土類　50
基本税率　19
旧宗主国　99
旧宗主国資本　32
休廃止鉱山　130

索　引　　　139

境界争い　35
協定発効時即時撤廃　21
京都議定書　117
京都メカニズム　118
共有結合　66
金銀の精錬法　60
銀黒鉱　60
金鉱山整備令　7
金属鉱業　7
金属鉱業事業団　口絵5, 口絵7, 口絵8, 16, 69
金属鉱業等鉱害対策特別措置法　83
金属鉱山業　7, 110
金属鉱物　81
金属の消費量　25
近隣諸国間の境界争い　35

く
クレイマント　37
黒鉱　KUROKO　58
黒鉱鉱床　81
グローマーチャレンジャー号　55

け
珪化岩　60
計画経済　27
経済格差　27, 32
経済協力開発機構　OECD　27, 100, 125
経済宣言　117
経済的自立　32, 99, 107, 112
経済復興　25
経済連携協定　EPA　19, 92, 100, 110
経済連携協定特恵税率　EPA 特恵税率　19
ケイ酸塩鉱物　65, 81
ケイ酸鉱　60, 110
珪ニッケル鉱　66
ケネディーラウンド　33

こ
高圧硫酸浸出法　HPAL 法　66
公海　34, 43, 72
紅海　47

鉱害　9, 28, 81, 89
公海下の海底　73
鉱害防止　82, 90
　（鉱害防止）技術　107, 121
　（鉱害防止）事業　130
　（鉱害防止）事業基金　83
　（鉱害防止）対策　102
　（鉱害防止）積立金　83
工業化　4, 27, 77, 99, 105, 112
鉱業技術　56
鉱区登録　73
鉱山開発　13
鉱山業　3, 7, 13, 21, 93
鉱山の国有化　32
鉱山の買収　18
鉱山保安法　82
鉱山保安法施行規則　83
鉱石・精鉱　13, 109
鉱石（の）生産量　3, 7, 10
鉱石輸出関税　109
鉱石輸出規制　109
鉱石輸出禁止　109
鉱石輸出税　109
鉱毒事件　29
高度経済成長　9
坑廃水　29, 81
坑廃水処理施設　83
坑廃水対策　82
後発開発途上国　19
高付加価値化　109
鉱物資源　1, 13
　（鉱物資源の）安定的確保　16
　（鉱物資源の）環境汚染問題　25
　（鉱物資源の）関税　21
　（鉱物資源の）供給源　108
　（鉱物資源の）枯渇対策　41, 71, 74
　（鉱物資源の）枯渇問題　25
　（鉱物資源の）需給　3
　（鉱物資源の）消費　27
　（鉱物資源の）探査　100
　（鉱物資源の）輸出価格　18
　（鉱物資源の）輸入　13
　（鉱物資源の）輸入価格　18

（鉱物資源の）輸入関税　19
（鉱物資源の）輸入形態　13
（鉱物資源の）利害対立問題　25
（鉱物資源の）量　71
鉱物資源開発　3, 101, 111, 126
鉱物資源政策　110
鉱物資源争奪戦　32
鉱物資源探査研究センター　102
鉱物資源問題　25
合弁事業　13
高炉　76, 85
高炉−転炉法　76
枯渇　27, 41
枯渇対策　71
枯渇問題　25, 131
国際海底機構　ISA, ISBA　72
国際開発協会　IDA　100
国際開発金融機関　100
国際開発目標　126
国際協力機構　JICA　17, 92, 102, 119, 129
国際協力銀行　JBIC　17, 119
国際協力事業団　JICA　90, 102
国際ジョイントベンチャー　42
国際深海掘削計画　ODP　50
国際錫協定　ITA　33
国際銅研究会　33
国際鉛・亜鉛研究会　ILZSG　33
国際ニッケル研究会　33
国際ボーキサイト連合　IBA　33
国策会社深海資源開発株式会社　DORD　53, 74
国策会社帝国鉱業開発株式会社　7
コークス炉　120
国内製錬　108
国内製錬業　10, 109, 123
国内製錬業の危機　109
国内法　73
国連開発計画　UNDP　125
国連海洋法条約　33, 72, 108
国連海洋法条約第11部実施協定　33
国連環境開発会議　117, 125
国連環境計画　UNEP　117

国連気候変動枠組条約　117
国連気候変動枠組条約締約国会議　117
国連サミット　126
国連資源総会　33
国連人間環境会議　117
国連貿易開発会議　UNCTAD　19, 32
国連ミレニアム・サミット　125
固体廃棄物　29
国家の管轄権の範囲　34, 73
コバルトリッチクラスト　口絵4, 口絵7, 34, 45, 72, 102
（コバルトリッチクラストの）鉱区登録　73
（コバルトリッチクラストの）産状　口絵7, 45
（コバルトリッチクラストの）成分　45
（コバルトリッチクラストの）探査規則　73
（コバルトリッチクラストの）探査権　73
（コバルトリッチクラストの）発見　45
（コバルトリッチクラストの）賦存量　46
（コバルトリッチクラストの）分布　45
混汞法　59
ゴンドワナ大陸　56

さ
採掘最低品位　56
採鉱　56, 76
採鉱技術　72
再生可能エネルギー　120, 128
債務保証　18, 53
酸化物　65, 81, 94
産業の多様化・高度化　112
産業保護措置　112
酸性雨　31, 84
酸性化　84
酸性廃水　91
酸素富化熱風　95

三大鉱物資源問題　25, 121, 131
三廃　28
サンフランシスコ講和条約　104

し
地金　3, 13, 74, 110
地金（の）消費量　10, 25
地金（の）生産量　10
自給率　11
資源エネルギー総合保険　17
資源開発協力基礎調査　100, 111
資源カルテル　32
資源供給基地　5
資源金融　17
資源国協力事業　120, 130
資源循環システム　90
資源情報センター　16
資源ナショナリズム　32
資源マネージメント　90
自主開発　15, 74, 95, 110, 123
自主開発方式　13
市場アクセス拡大　32, 100
市場価格　53
市場経済　27
市場の拡大　99
沈み込み帯　口絵6
次世代の資源　72
自然破壊　31, 87
自然力活用型坑廃水処理技術　130
持続可能な開発目標　SDGs　125
湿式製錬法　64
質の高い成長　127
資本参加　15, 111, 123
資本参加方式　13
島　34
縞状鉄鉱層　54, 74, 95
島の領有権　36
四万十層　口絵6
ジャスピライト　jaspilite　54
蛇紋岩源ラテライト　67
上海宝山製鉄所　105
重希土類　52
重金属　28, 82

重金属イオン　84
重金属汚染　29
重金属泥　47
重金属濃度　28
自由貿易　19
循環型社会　120, 128
ジョイントベンチャー　131
商業（的）生産　53, 74, 107, 131
使用済みプラスチック　86
将来への投資　74
自溶炉　94
自溶炉－電解法　61
植物汚染　30
植民地　32, 99, 104, 113
植民地型モノカルチュア的経済　112
準国内資源　35
準賠償事業　104
磁硫鉄鉱　88, 94
新エネルギー・産業技術総合開発機構
　NEDO　119
新 ODA 大綱　100
深海掘削計画　DSDP　55
深海資源開発株式会社　DORD　53, 74
深海探査研究船かいれい　50
深海底　口絵5, 口絵6, 34, 43
深海底鉱物資源　口絵4, 34, 41, 102,
　107, 131
深海底鉱物資源開発制度　34
深海底鉱物資源探査専用船第2白嶺丸
　102
新環境ガイドライン　73
新興工業国　25
新国際経済秩序　NIEO　33
人材育成　18, 102, 120
人材育成研修　130
人道的問題　127
森林破壊　117
森林保全　118
人類共通の課題　27
人類全体の利益　34
人類の共同財産　34, 72
人類の経済活動　27
人類の成長　27

す

水銀汚染　29
水酸化物　67
水質汚染　28, 87, 89, 91, 126
水質汚濁防止法　83
錫生産国同盟　ATCP　33
スポット方式　15
スラグ　29, 75, 95
ズリ　27
ズリ堆積場　81

せ

生活の質の向上　125
青化法　60
精鉱　84
精製　28
製鉄　85, 94
政府開発援助　ODA　72, 90, 102, 108
生物多様性条約　117
生物多様性の喪失　117
製錬　28, 84, 123
精錬　74
製錬技術　72
製錬業　10, 13, 21, 93
製錬所　7, 28, 74, 89, 109, 124, 131
製錬・精製　3, 13, 56, 111, 131
製錬・精製技術　59
製錬生成物　14, 21
製錬中間生成物　15
世界気象機関　WMO　117
世界銀行　IBRD　26, 99
世界の工場　106
世界貿易機関　WTO　19, 33
赤泥　29, 75
赤泥からの鉄の回収　75
石油危機　9, 26
石油・天然ガス　34
石油天然ガス・金属鉱物資源機構
　　JOGMEC　口絵 5, 15, 64, 74, 92,
　　120, 129
石油輸出国機構　OPEC　33
石灰－石膏法　83
石膏コロイド　83

そ

選鉱　28, 56, 76, 81, 84
選鉱技術　57
選鉱所　7, 13, 28
選鉱精鉱　63
選鉱廃水　29
選鉱尾鉱　29
戦後経済復興　26, 33
戦後賠償　104
先進国資本　3, 32
先進国資本の排除　32
銑鉄　75
浅熱水性鉱脈鉱床　61
専門家派遣事業　102, 121

そ

相互依存　107
宗主国資本　32
即時撤廃　20, 22
ソビエト連邦（の）崩壊　27, 33
損失てん補　18

た

大気汚染　28, 84, 128
第 1 次世界大戦　26
第 2 次世界大戦　5, 7, 26, 32, 99
第 1 次石油危機　33
第 2 次石油危機　33
第 1 次利害対立　32, 99
第 2 次利害対立　34
第 3 次利害対立　35
第 3 次国連海洋法会議　33
大西洋中央海嶺　48, 73
太平洋中央海盆　44
大洋中央海嶺　47
第 4 の深海底鉱物資源　50
大陸移動説　56
大陸棚　口絵 1, 34, 45, 72, 102
大陸棚延長　口絵 1, 口絵 2, 口絵 3, 35
大陸棚延長申請　36
大陸棚限界委員会　口絵 1, 口絵 2, 口絵
　　3, 35
大陸棚自然延長論　36
大陸棚調査　35

索 引　　　143

大陸棚の境界　36
大陸棚の限界線　口絵 1, 口絵 3
大陸地殻　口絵 4
多角的貿易交渉　33
多金属塊状硫化物鉱床　49
たたら製鉄　93
脱ソーダ赤泥　75
タングステン生産国連合 PTA　33
探査規則　72
探査権　72
探査専用船　72
炭酸塩鉱物　67, 81
単純買鉱　13
単純輸入　13
単純輸入方式　16

ち

地下水汚染　30
地球温暖化　81, 117
地球温暖化対策　119
地球温暖化対策計画　118
地球温暖化防止京都会議　117
地球化学探査　100
地球環境の保護・改善　117
地球サミット　117, 125
地球的規模問題　127
地球の割れ目　47
地質探査　100
地熱資源開発　120
チムニー　口絵 8, 48
チャレンジャー号　42
中央インド洋海盆　73
中央インド洋海嶺　73
中央海嶺　47
中間線境界　36
中和処理法　83
中和殿物　83
超塩基性岩　66, 68
長期契約方式　15
長期的（・）安定的確保　95, 110
朝鮮戦争　9, 33
朝鮮戦争特需　9
直接還元製鉄法　87, 94

直接投資　13
直面する鉱物資源問題　25
貯泥ダム　29

つ

土からの金属の回収　67, 71, 74
土からの鉄の回収　71

て

帝国鉱業開発株式会社　7
低炭素化　120
低炭素技術　119
低炭素社会　128
低品位鉱　56, 62
低品位鉱の資源化　62, 71
低品位大規模鉱床　62
低品位ニッケル酸化鉱石　66
ディープ　47
テストプラント　123, 132
鉄鋼業　120
鉄鋼業界　86, 94, 105, 120
鉄鉱石輸出国連合 AIEC　33
鉄鋼メーカー　77, 105, 121, 132
鉄酸化細菌　64
鉄酸化バクテリア　64
鉄スクラップ　87
鉄の原料　74, 85, 94
鉄の製錬　81, 85, 93, 108, 123
鉄バクテリア酸化炭酸カルシウム中和方
　式　83
鉄硫化物　95, 123
「鉄硫化物原料化」法　94, 108, 123
電解精錬　61, 110
電解法　110
電気金　61, 110
電気銀　61, 110
電気テルル　61
電気炉　76, 87, 94
天然ガス　87, 94
天然資源に対する永久的主権　32
転炉　61, 94

と

銅－亜鉛－鉛硫化物型鉱床　49
東京ラウンド　33
島弧　口絵 4
東西冷戦　26, 33
投資資金の融資　121
投資の促進　111
動物汚染　30
銅マット　15, 61
洞爺湖サミット　118
銅輸出国政府間協議会 CIPEC　33
特別特恵税率 LDC 税率　19
トジ金　60
土壌汚染　28, 87, 91, 126
特恵関税　100
特恵適用除外　21
トラフ　口絵 4, 48

な

鉛汚染　29
鉛の血中濃度　29
南極　37, 53
南極横断山脈　53
南極鉱物資源活動規制条約　37
南極条約　37
南極条約環境保護議定書　37
南極の鉱物資源　37, 41, 53
　（南極の鉱物資源）縞状鉄鉱層　54
　（南極の鉱物資源）石炭　54
　（南極の鉱物資源）石油・天然ガス
　　　55
　（南極の鉱物資源）デュフェク塩基性層
　　　状貫入岩体　54
　（南極の鉱物資源）斑岩型銅・モリブデ
　　　ン・金鉱床　55
南極の鉱物資源開発　37, 41
南極半島　53
南薩型金鉱床　61
南西インド洋海嶺　73
南東インド洋海嶺　73
南南経済格差　21
南北対立　32, 99
南北の経済格差　32

南北分業体制　5

に

二国間クレジット制度 JCM　118
二酸化イオウ　28, 84, 94, 123
二酸化イオウ対策　84, 89
二酸化炭素対策　85
二酸化炭素排出削減　120
西南極　53
20 世紀最大の国際法　34
日韓請求権並びに経済協力協定　104
日韓併合条約　104
日中韓の境界問題　36
日中戦争　7
日本鉱区　口絵 5
日本貿易保険 NEXI　17, 119
日本輸出入銀行　105
人間開発　125
人間開発報告書　125
人間環境宣言　117
人間中心の開発　127
人間の尊厳　125

ね

熱水　48
熱風管　86

の

ノンクレイマント　37

は

廃液処理技術　65
煤煙　88
排煙脱硫法　85, 89, 94
バイオリーチング　65
廃金属スクラップ　41, 123
背弧　口絵 4, 48
焙焼炉　76
排水基準　83
廃水処理施設　91
廃石　27, 81, 91
排他的経済水域　口絵 7, 34, 45, 72,
　　102, 107, 131

索　引　　　**145**

廃熱回収設備　120
灰吹法　59
廃プラスチック　120
「廃プラスチックの高炉原料化」法　86,
　94
宝鋼集団　106
鋼　76, 87, 94
羽口　86
バブル崩壊　9
パリ協定　117, 123
半加工品　13, 110
斑岩型銅・モリブデン・金鉱床　55
パンニング　59

ひ
東シナ海　口絵 2, 口絵 3, 36
東太平洋海膨　口絵 4, 48
東南極　53
非金属鉱物　81
尾鉱　13, 28, 81
尾鉱ダム　13, 28, 84
非鉱物資源の資源化　65
菱刈鉱山　9, 61, 110
比重選鉱　57
ヒ素汚染　29
ヒ素中毒　31
備蓄　53
非鉄金属　25, 84, 123
非鉄金属業界　121
非鉄金属製錬所　84
非鉄金属の製錬　84, 89
非鉄金属メジャー　3
ヒトの汚染　30
ヒープリーチング－CIP 法　60
微粉炭　86
ヒューストン・サミット　117
氷床　53
貧困撲滅　127

ふ
フィリピン海プレート　50
付加価値　4, 18, 99, 112
付加体　口絵 4, 口絵 6, 44, 50

浮選　57
浮選剤　57
浮選法　57
物理探査　101
浮遊選鉱法　57
プラザ合意　9, 110
フラックス　61, 75, 95, 110
ブラックスモーカー　口絵 8
プラント輸出　77
ブリスター　15
ブリセター・アノード　15
プロジェクト方式技術協力　104
フロス　58

へ
ベースメタル　4
ペレット　76
ペンリン海盆　44

ほ
貿易の自由化　19, 22
ボーキサイト　67, 74, 107, 132
浦項製鉄所　104
ポスコ　POSCO　104
ポスト京都議定書　118
ホットスポット　口絵 4
北方四島　口絵 1, 36

ま
磨鉱　57, 76
幻の条約　37
マラヤワタ製鉄所　106
マリアナトラフ　48
マルタの国連大使　33
マンガン銀座　43
マンガン酸化物型鉱床　48
マンガン団塊　口絵 4, 口絵 5, 口絵 6,
　34, 42, 71, 102
　（マンガン団塊の）産状　口絵 5, 42
　（マンガン団塊の）新環境ガイドライン
　　73
　（マンガン団塊の）成分　43
　（マンガン団塊の）探査規則　73

（マンガン団塊の）探査権　73, 102
（マンガン団塊の）発見　42
（マンガン団塊の）賦存量　44
（マンガン団塊の）分布　42
マンガン団塊鉱区承認　73
マンガン団塊鉱区登録　73
マンガン団塊ベルト　口絵 5, 43, 73, 102
マントル対流　口絵 4, 47

み
未開発鉱物資源　41, 71
水俣病　29
南太平洋応用地球科学委員会　SOPAC
　102, 108
南太平洋諸国　72, 107, 131
南鳥島南方海域　口絵 7, 52
ミレニアム開発目標　MDGs　125

む
無償　91, 100, 121
無償資金協力　104, 129
無税・無枠　21

め
メタンハイドレート　34, 130

も
毛髪水銀値　29
モノカルチュア（的）経済　32, 99, 112

や
大和鉱山　50

ゆ
融資買鉱　13
融資輸入　13
融資輸入方式　16
有償資金協力　93, 104, 111
輸入依存率　14
輸入関税　19, 110
輸入形態　13

よ
陽極スライム　61, 110
溶媒抽出−電解採取法　SX−EW 法　65
4 大利害対立　99

ら
ラテライト　66, 74, 107, 132

り
利害対立　31, 99
（利害対立）対策　107
（利害対立）問題　25, 121, 131
陸上のマンガン団塊　口絵 6
リサイクル製錬原料の高品質化技術
　120
リスク　15, 53, 72, 111
リーチング　64
リーマンショック　8, 26
硫化物　66, 81, 94
琉球海溝　50
硫酸イオン　82, 94
硫酸塩鉱物　81
硫酸ミスト　31, 84
領海　34
領海基線　35
領土権主張国　37
臨海型一貫製鉄所　105
リン酸塩鉱物　67

れ
レアアース　50, 67, 72
レアアース泥　口絵 4, 34, 50, 73
（レアアース泥の）産状　51
（レアアース泥の）成分　52
（レアアース泥の）発見　50
（レアアース泥の）賦存量　52
（レアアース泥の）分布　51
レアメタル　4, 27, 49, 72
レアメタル総合開発調査　100
冷戦　100

ろ
ロス海　55

索　引　　　**147**

露天掘り　76, 91

A
ADB →アジア開発銀行　100, 119
AIEC →鉄鉱石輸出国連合　33
ATCP →錫生産国同盟　33

B
BRICs　25

C
CIP 法　60
CIPEC →銅輸出国政府間協議会　33
COP16　118
COP21　118

D
DAC →開発援助委員会　27, 100, 125
DAC 新開発戦略　125
DORD →国策会社深海資源開発株式会社
　53, 74
DSDP →深海掘削計画　55

E
EPA →経済連携協定　19, 92, 100, 110
EPA 特恵税率 →経済連携協定特恵税率
　19

G
GSP 税率 →一般特恵税率　19

H
High‐Lime 法　58
HPAL 法 →高圧硫酸浸出法　66

I
IBA →国際ボーキサイト連合　33
IBRD →世界銀行　26, 99
IDA →国際開発協会　100
ILZSG →国際鉛・亜鉛研究会　33
IOM　73
IPC →一次産品総合計画　33
IPPC →気候変動に関する政府間パネル
　117
ISA →国際海底機構　72
ISBA →国際海底機構　72
ITA →国際錫協定　33

J
JADE 熱水地帯　49
JAMSTEC →海洋研究開発機構　50
jaspilite →ジャスピライト　54
JBIC →国際協力銀行　17, 105, 119
JCM →二国間クレジット制度　118
JCM 資金支援事業　119
JICA →国際協力事業団，国際協力機構
　17, 90, 92, 102, 119, 129
JICA 等連携プロジェクト補助　120
JOGMEC →石油天然ガス・金属鉱物資源
　機構　　口絵 5, 15, 64, 74, 120, 129

K
KUROKO →黒鉱　58

L
LDC 税率 →特別特恵税率　19

M
MDGs →ミレニアム開発目標　125
MFN 税率 → WTO 協定税率　19
MIDPAC'81 研究航海　45
MIDREX プロセス →還元炉－電気炉法
　76, 87

N
NEDO →新エネルギー・産業技術総合開
　発機構　119
NEXI →日本貿易保険　17, 119
NIEO →新国際経済秩序　33
NIEs　25
NOAA　48

O
ODA →政府開発援助　72, 90, 102,
　108
ODA 技術協力　72, 131

ODA 事業　　100, 111
ODA 大綱　　100
ODA の営業活動　　108
ODP →国際深海掘削計画　　50
OECD →経済協力開発機構　　27, 100, 125
OPEC →石油輸出国機構　　33

P
POSCO →ポスコ　　104
PTA →タングステン生産国連合　　33

R
RITA プロジェクト　　48

S
SDGs →持続可能な開発目標　　125
SDGs 実施指針　　128
SDGs 推進本部　　126
SDGs の目標　　126
SO_2–Lime 法　　58

SOPAC →南太平洋応用地球科学委員会　　102, 108
SX–EW 法 →溶媒抽出－電解採取法　　65

T
TICAD →アフリカ開発会議　　100
TPP →環太平洋パートナーシップ　　22

U
UNCTAD →国連貿易開発会議　　19, 32
UNCTAD タングステン委員会　　33
UNDP →国連開発計画　　125
UNEP →国連環境計画　　117

W
WMO →世界気象機関　　117
WTO →世界貿易機関　　19, 33
WTO 協定　　19
WTO 協定税率 → MFN 税率　　19

著者略歴

志賀 美英
(しが よしひで)

鹿児島大学名誉教授
工学博士（1977年3月，早稲田大学）
専門：資源経済学，鉱床学

1947年12月，福島県相馬郡小高町（現，福島県南相馬市小高区）生まれ
1977年3月，早稲田大学大学院理工学研究科資源科学専攻博士課程修了
著書：『鉱物資源論』（2003年3月，九州大学出版会）
　　　『開発教育序論』（編著，2008年5月，九州大学出版会）
　　　『写真集 金属鉱石』（2015年8月，南日本新聞開発センター）
定年退職後は，鉱物資源の普及活動（講演・執筆，金属鉱物資源の展示会
開催など）を行っている。

鉱物資源問題と日本
(こうぶつ し げんもんだい　にっぽん)
──枯渇・環境汚染・利害対立──

2019年9月10日　初版発行

著　者　志　賀　美　英

発行者　笹　栗　俊　之

発行所　一般財団法人　九州大学出版会

　　　　〒814-0001　福岡市早良区百道浜3-8-34
　　　　九州大学産学官連携イノベーションプラザ305
　　　　電話 092-833-9150
　　　　URL　https://kup.or.jp
　　　　印刷／城島印刷㈱　製本／篠原製本㈱

Ⓒ Yoshihide SHIGA
Printed in Japan　ISBN 978-4-7985-0261-8

好評既刊

鉱物資源論

志賀美英　　　　　　B5 判・310 頁・定価 4,500 円

本書は，人類が鉱物資源を持続的に確保していくために解決しなければならない枯渇，環境，利害対立の 3 つの資源問題について，それぞれ社会的，歴史的背景や原因などを究明し，問題解決のために世界が取り組むべき目標を具体的に提示している。

はじめの一歩
物理探査学入門

水永秀樹　　　　　　A5 判・360 頁・定価 3,600 円

物理探査学とは石油や鉱物資源，断層，不発弾や遺跡など目に見えない地下の状態を知る技術である。弾性波探査から重力探査，磁気探査，地温探査など数多くの探査手法を解説する。

（価格税別）　　　　　　　　　　九州大学出版会